基于交通CPS的流式数据聚类及演化趋势发现方法研究

JIYU JIAOTONG CPS DE LIUSHI SHUJU JULEI JI
YANHUA QUSHI FAXIAN FANGFA YANJIU

桑春艳◎著

重庆大学出版社

内容提要

信息物理系统(Cyber Physical Systems,CPS)的提出及应用为解决交通系统中存在的问题提供了新思路。将 CPS 技术应用于交通系统,一方面,可广域多维地获悉表征交通物理系统实时状态的信息,为获悉交通物理系统实时状态和运行规律提供了重要的信息来源;另一方面,通过对所获取的海量交通数据的及时分析和有效处理,进而为交通物理系统的全面协调和实时优化提供新的依据。

本书在现存流式数据聚类方法研究的基础上,研究表征交通物理系统状态广域多维的交通多流式数据的聚类分析及交通多流式数据的演化趋势发现方法。针对交通流式数据的周期演化特性,受启发于联合聚类以及基于矩阵分解聚类的思想,提出了基于低秩近似矩阵分解的多流式数据进化聚类算法 EC-NMF。针对交通系统中流式数据随空间演化的纵向传播特性,提出了基于非负矩阵三分解的交通多流式数据联合聚类框架STClu。为揭示交通流式数据之间随时空的演化特性,提出了基于聚类思想的交通多流式数据演化趋势发现方法。

本书适合有一定数据分析基础的学生、研究者阅读。

图书在版编目(CIP)数据

基于交通 CPS 的流式数据聚类及演化趋势发现方法研究/桑春艳著. —重庆:重庆大学出版社,2017.5(2018.3 重印)
ISBN 978-7-5689-0317-2

Ⅰ.①基… Ⅱ.①桑… Ⅲ.①数据处理—聚类分析—研究 Ⅳ.①TP274

中国版本图书馆 CIP 数据核字(2016)第 308183 号

基于交通 CPS 的流式数据聚类及 演化趋势发现方法研究

桑春艳 著

策划编辑:何 梅

责任编辑:李定群 版式设计:何 梅
责任校对:贾 梅 责任印制:张 策

*

重庆大学出版社出版发行
出版人:易树平
社址:重庆市沙坪坝区大学城西路 21 号
邮编:401331
电话:(023)88617190 88617185(中小学)
传真:(023)88617186 88617166
网址:http://www.cqup.com.cn
邮箱:fxk@cqup.com.cn(营销中心)
全国新华书店经销
重庆俊蒲印务有限公司印刷

*

开本:720mm×960mm 1/16 印张:9.75 字数:135 千
2017 年 5 月第 1 版 2018 年 3 月第 2 次印刷
ISBN 978-7-5689-0317-2 定价:39.00 元

本书如有印刷、装订等质量问题,本社负责调换
版权所有,请勿擅自翻印和用本书
制作各类出版物及配套用书,违者必究

前 言

交通需求的持续增长使得交通拥堵、环境污染、交通安全等问题日趋严重。如何运用科学的方法准确认知交通物理系统的演化规律,对现有路网资源进行优化配置,提高现有道路资源的利用效率,为缓解交通拥堵等问题已成为目前亟待解决的问题。信息物理系统(Cyber Physical Systems,CPS)的提出及应用为解决交通系统中存在的问题提供了新思路。将 CPS 技术应用于交通系统,一方面,可广域多维地获悉表征交通物理系统实时状态的信息,为获悉交通物理系统实时状态和运行规律提供了重要的信息来源;另一方面,通过对所获取的海量交通数据的及时分析和有效处理,进而为交通物理系统的全面协调和实时优化提供新的依据。

将大量的感知设备布设于道路交通系统中用以实时监控道路交通状态,进而获取表征交通物理系统的实时状态信息,通过分析这些信息并将处理结果反馈于交通物理系统中,进而实现交通物理系统的实时协调和全面优化,体现了CPS的典型特征。在交通物理系统中,由GPS、RFID、感应线圈等不同感知设备所产生的交通数据以流的形式不断涌现。通过对监控道路交通实时状态的交通流式数据的分析,不仅可对道路交通状态进行评价和预测,还可解析交通状态演变的机理,掌握交通物理系统的运行规律。

本书通过对交通流式数据的特点及特性的分析,在现存的流式数据聚类方法研究的基础上,研究表征交通物理系统状态广域多维的交通多流式数据的聚类分析及交通多流式数据的演化趋势发现方法。

首先,从CPS的角度分析交通流式数据的特点及特性。为探索基于CPS的交通流式数据的分析及处理方法,对表征道路交通状态的常用参数进行了描述,总结了交通流式数据的特点。基于固定检测器所采集的道路实时状态信息,对交通流式数据的周期演化和纵向传播特性进行分析。

其次,为发现交通多流式数据之间的关联关系,结合交通流式数据的周期演化特性,提出交通多流式数据的进化聚类分析方法。为解决交通多流式数据聚类时的高维问题,受启发于联合聚类以及基于矩阵分解聚类的思想，提出了基于低秩近似矩阵分解的多流式数据进化聚类算法 EC-NMF。EC-NMF 算法充分利用流形与低秩结构来学习非负数据的有效表示，分别在数据空间和特征空间中构建基于近邻的数据图和特征图来反映它们各自的几何流形结构。为保持聚类结果随时间变化的平滑性，EC-NMF 算法考虑了随时间滑动的历史聚类结果的信息。

再次，结合具有上下游关系的交通流式数据之间的纵向空间传播特性，基于联合聚类多个相关类型数据的研究现状，提出了交通多流式数据的联合聚类算法。为了能够更客观地分析多交通流式数据之间的关联关系，结合交通系统中流式数据随空间演化的纵向传播特性分析，提出基于非负矩阵三分解的交通多流式数据联合聚类框架 STClu。

最后，为揭示交通流式数据之间随时空的演化特性，进一步获悉多个相似断面之间的交通状态随时间演化的特性，提出了基于聚类思想的交通多流式数据演化趋势发现方法。该方法以单条流式数据为单位的聚类问题转化为多流式数据的图聚类模型。根据交通流式数据之间的滞后相关性特征，给出了基于滑动窗口的交通流式数据的滞后相关性计算方法。基于谱图理论的相关思想,提出了基于滞后相关的交通多流式数据的聚类算法 ICMDS。为通过分析不同时刻交通多流式数据的聚类结果,获悉交通流式数据的演化趋势,提出了基于 ICMDS 算法的交通多流式数据演化趋势发现算法 TEEMA。

限于本书著者的学识水平,书中疏漏与不妥之处在所难免,恳请读者批评指正。

著　者

2016 年 8 月

目录

第 1 章
绪 论

　　如何运用科学的方法准确认知交通物理系统的运行规律,对现有路网资源进行优化配置,提高现有道路资源的利用效率,以缓解交通拥堵等问题已成为目前亟待解决的关键问题。信息物理系统(Cyber Physical Systems,CPS)的提出为交通系统的全面协调和实时优化提供了新的思路。将大量的感知设备应用于交通物理系统中,使得能够表征交通实时状态的数据以指数级的速度实时增长。例如,由 GPS、RFID、感应线圈等不同感知设备所产生的交通数据以流的形式不断涌现。由于监控道路交通状态的交通数据刻画了交通物理系统的动态变化过程,通过对监控道路交通状态的交通流式数据的分析,不仅可对道路交通状态进行评价和预测,还可解析交通状态演变的机理,掌握交通物理系统的运行规律。

1.1　研究背景及意义

1.1.1　研究背景

（1）科学地认识交通物理系统的演化规律已成为目前亟待解决的问题

建立绿色、高效、安全的交通系统是交通参与者追求的目标。然而，随着交通需求的持续增长、汽车保有量、交通流量迅速增加，使得交通拥堵、交通安全、环境污染等问题日趋严重。

1）交通拥堵问题日趋严重

交通拥堵的加剧，使得交通延误增大、行车速度降低、经济损失严重等[1-4]。道路基础设施的建设在一定程度上缓解了交通拥堵问题，但没有得到实质性的改观。如果缺乏科学理论的指导和先进技术的支撑，仅依靠增加道路基础设施的手段已经不能从根本上解决交通拥堵等问题。

2）环境污染问题日渐增加

交通拥堵情况下，车辆长时间处于怠速、低速、急加速、急减速状态。车辆排放如 SO_2，NO_x，CO，CO_2 等有害物质的尾气，对环境的污染极其严重。现有的研究表明，车流处于"时走时停"状态时，直接导致原油消耗，占世界总消耗量的 20%[3-5]。由此所导致的环境污染和能源消耗等问题日益严重。

3）交通安全问题形势严峻

随着交通需求的日益增长，汽车保有量的不断增加，交通安全问题形势严峻。据公安部资料统计显示，2007 年，我国共发生公路交通事故 327 209 起，造成 81 649 人死亡，380 442 人受伤；其中高速公路共发生交通事故 12 364 起，造成 6 030 人死亡，14 628 人受伤。2007 年我国高速公路每百千米发生交通事故 23.07 起，同期所有公路每百千米发生交通事故9.16起;高速公路事故每百千米受伤27.29人,同期所有公路的平均事故受伤为10.65人/100 km。

为此,以先进技术支撑交通物理系统的发展,用科学的方法准确认知交通物理系统的运行模式,充分有效地利用现有的路网资源,以缓解交通拥堵、环境污染、交通安全等问题已成为目前亟待解决的问题。

(2)CPS的研究与发展为交通物理系统的协调与优化提供了新的思路

CPS的提出[6-10],将飞速发展和日益成熟的计算、通信、感知、控制等技术将物理系统的行为特征和状态实时、协同、安全、可靠地传输到信息系统中。在信息系统中,通过对所获取的物理系统实时状态的信息进行及时分析和有效处理,进而做出对物理系统的控制与决策。通过网络化的控制设备和执行设备,将信息系统及时的控制与决策方案协同实施,对物理系统进行准确实时的协调与优化。

交通物理系统中内部各要素在时空上的全面协调和有序运行,很大程度上依赖于对各交通物理对象实时状态的全面获悉。将大量的感知设备布设于道路交通状态的实时监控中,通过将所获取的表征交通物理系统实时状态的信息的及时分析和有效处理,并将分析及处理结果反馈于交通物理系统中,进而实现交通物理系统的实时协调和全面优化,体现了CPS的典型特征[11-12]。

因此,CPS的提出为缓解交通拥堵、监控车辆安全、节能减排等问题提供了新的途径。

(3)交通信息物理系统的理论研究及实际应用受到了广泛重视

交通信息物理系统(Transportation Cyber Physical Systems,T-CPS)的提出[12],一方面发挥了CPS技术在感知、传输、计算、控制等方面的优势,实现对交通物理对象,包括道路交通基础设施、载运工具、交通状态等多方面的全面感知,为获悉交通物理系统实时状态和运行规律提供了重要的信息来源[13-14]。另一方面,在交通信息系统中,通过对所获取的海量交通信息的及时分析和有效处理,可为准确地认知交通物理系统的演化趋势,掌握交通拥堵等问题产生和传播的特性,为交通物理系统的全面协调和实时优化提供新的依据。

总之,研究 T-CPS 的相关理论方法具有两方面的作用:一方面通过对交通 CPS 的基础理论、框架结构、系统建模等方面的相关研究,不仅为 T-CPS 的发展提供理论支持,还可为 CPS 相关理论的发展奠定基础;另一方面,作为下一代智能交通系统重要的发展方向,T-CPS 的相关研究为解决交通系统中存在的问题提供理论依据和技术支撑。

(4)交通海量数据的分析及处理方法需要进一步探索

交通数据分析处理方法的目标是在交通信息系统中通过对不同来源的交通数据的实时分析和有效处理,发现交通物理系统的演化规律,并将处理结果反馈于交通物理系统中,进而为交通物理系统的协调与优化提供理论支撑。

随着交通大数据时代的到来,更深入地了解交通物理系统演化特性和运行规律引起了人们的广泛关注。如图 1.1 所示,将大量的感知设备应用于道路交通状态的实时监控中,由此所产生的表征交通状态的信息刻画了交通物理系统的动态变化过程。

针对海量交通流式数据的研究不仅是交通领域的研究热点问题,也已成为机器学习、数据挖掘、模式识别及统计分析等领域研究的热点[15-18]。现有的交通数据的分析方法大致可从两个方面进行总结:一方面,为了获悉道路交通的状态,借鉴已有的方法应用于问题的解决中,如交通状态判别、预测等;另一方面,通过交通数据特点的分析,研究适合于此类数据的分析方法,如交通数据的聚类分析方法等。

为充分发挥表征交通物理系统实时状态的海量交通数据的作用,Tang 等[17]提出了基于聚类思想的交通系统中非典型事件的发现方法。从流式数据的角度,Wei 等[15]结合交通流式数据的时空特性,提出了两阶段的增量聚类算法。Geisler 等[13]提出了交通信息系统的评估框架。由于交通系统的复杂多变性,基于 CPS 的交通数据的分析方法的研究涉及的范围和内容较广泛,结合交通流式数据特点的聚类分析还有待进一步探索。

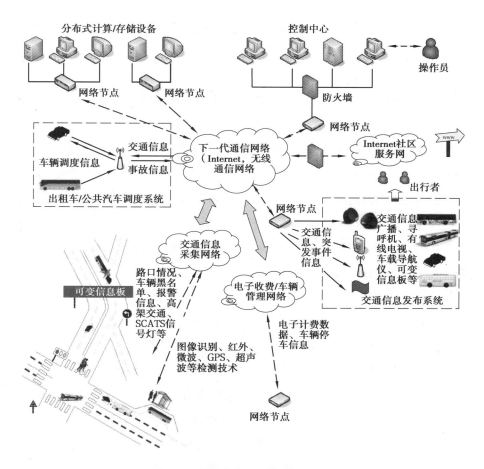

图 1.1 CPS 技术在交通系统中的应用

因此,本书通过对以流的形式实时产生的交通数据特点及特性的分析,以现存的流式数据的聚类分析方法为基础,通过多交通流式数据之间的相关性分析,构建交通多流式数据的聚类模型,研究基于 CPS 的交通多流式数据的聚类分析及演化趋势发现方法,为进一步解析交通状态演变的机理、掌握交通物理系统的演化规律提供新的理论基础。

1.1.2 研究意义

本课题围绕基于 CPS 的交通流式数据的特点,基于流式数据的研究现状及高维数据的聚类分析方法,从多流式数据的相关性分析及演化趋势发现方法两个层面展开,研究适合于交通流式数据的聚类分析及演化趋势发现方法。

本课题的研究意义如下:

①从 CPS 的角度,研究交通流式数据的分析方法,为进一步了解交通物理系统的演变特性提供新的理论基础。

目前,交通数据分析方法的研究主要是从解决交通问题为出发点,将一般性的数据分析方法进行扩展应用。交通大数据时代的到来,基于 CPS 的交通流式数据的分析方法的研究具有两方面的用途:一方面,通过分析交通流式数据的特点,提出相应的分析方法,为交通数据的分析与处理提供相应的理论基础;另一方面,通过对交通流式数据的分析方法的扩展,可为其他行业的相关研究提供参考。

②从相似性的角度,研究基于 CPS 的交通多流式数据的聚类分析方法,为分析不同空间交通状态之间的相似性演变特性提供新的方法。

多流式数据趋势一致的区间是变化比较稳定的区间,出现类成员或类数目变化的区间可认为在这个区间交通状态是不确定的,进而可推断在此时间段内,交通状况比较复杂。因此,基于更符合交通实际的交通多流式数据的聚类模型,研究多流式数据的演化趋势发现方法,为准确科学地认识交通物理系统的演变特性提供新的方法。

③为能够发现更符合交通实际的聚类结果,结合交通流式数据的特点及特性,研究交通多流式数据的聚类分析方法。

传统的流式数据聚类分析方法尚无法完全满足基于 CPS 的交通多流式数据的聚类需求。交通流式数据不仅具有一般流式数据的典型特性,还具有随时空不断演化的周期和纵向传播特性。因此,需要根据交通流式数据的周期演化和纵向传播特性,研究交通流式数据的聚类分析方法。

④基于聚类的思想,通过研究交通多流式数据的演化趋势发现方法,为准确获悉交通物理系统的演化特性提供新的途径。

不同感知器从各个位置获取表征交通实时状态的数据,这些随时间变化的数据之间并不是完全独立的;相反,它们呈现出高度的时空相关性。基于聚类分析的基本思想,通过对交通多流式数据的相关性分析,为进一步获悉交通物理系统在相关路段或路网中的时空演化特性提供新的手段。

鉴于上述分析,基于交通 CPS 的流式数据的聚类分析及相关研究具有重要的理论意义和应用价值。

1.2　国内外研究现状

CPS 相关理论的研究及发展,不仅能为 T-CPS 提供新的理论基础和方法,也可为交通问题的解决新供新的思路。T-CPS 的相关研究又可为 CPS 的发展提供理论支持。作为 T-CPS 中亟待解决的关键问题之一,交通数据的分析及处理方法可为 T-CPS 的理论研究及实际应用提供基础。因此,本节将对 CPS 的发展现状、交通 CPS 的相关研究、交通数据分析方法以及流式数据聚类分析等方面的研究现状进行总结。

1.2.1　CPS 的发展现状

2004 年, CPS 一词由美国国家科学基金会(the National Science Foundation in the United States, NSF) 的 Helen Gill 女士提出。2006 年, 美国发布《美国竞争力计划》,将 CPS 列为重要研究项目。2007 年,美国总统科学顾问委员会提交的《面临挑战的领导地位》中将 CPS 列为优化发展的 8 个关键技术之首。美国政府确定了 CPS 发展战略,NSF 资助了近 100 个研究课题。2008 年,由美国成立的 CPS 指导小组在《Cyber-Physical Systems Executive Summary》中指出,将 CPS 应用于交通、国防、能源、医疗、农业和大型建筑设施等领域。欧盟计划 2007—2013 年年间,投入 70 亿美元进行智能电子系统和 CPS 方面的研究。

在学术界,自 2006 年起,NSF 举办了多次 CPS 研讨会,探讨 CPS 的概念和技术。2008 年,在 NSF 举办了 CPS 讨论会上,提出了资助 CPS 的相关研究,以激励相关专业学者进行 CPS 理论探索和技术开发。从 2008 年开始,IEEE 和 ACM 等组织每年举行一次 CPS 周的学术会议和活动,聚集各国学者对 CPS 的理论、关键技术、未来发展等问题的讨论。此外,很多著名国际会议开设了 CPS 专题,如 2008 年举办的国际分布式计算系统和 IEEE 嵌入式会议等。

由于 CPS 是在复杂多学科理论和技术的基础上发展而来的,研究者们来自不同的专业领域,对 CPS 的理解及研究的方向或重点也各不相同[19-25]。此外,CPS 的研究是在应用需求的驱动下产生的,CPS 的相关研究与具体的应用领域密切相关[7,12,26-28]。下面将从 CPS 的概念、理论研究和具有应用三方面进行阐述。

(1) 对于 CPS 的定义,比较典型的代表性观点

Lee[19]认为,CPS 技术是将计算进程和物理进程的深度融合集成和紧密结合,将信息系统作为核心用于监控物理系统的运行,同时,CPS 中的网络和计算组件为物理对象提供外部环境的感知信息。

NSF 的研究人员认为[20],CPS 是将各种计算元素和物理元素之间相互集成与深度融合的系统,能实现复杂系统的实时感知和动态监控,具有实时、安全、可靠等特点。

从计算机科学的角度,Sastry[21]认为 CPS 主要是由控制、计算、通信等功能构成。不仅可以可靠、稳定、安全地执行控制,还可以广泛感知物理系统的实时状态。

Krogh 等[22-23]从嵌入式系统和机电控制设备开发的角度,认为 CPS 是具有高可靠性的计算、通信和控制能力的智能机器人系统。包括了从对 CPS 进行研究。

何积丰院士[24]认为,CPS 是在环境感知的基础上,将计算、通信和控制能力深度融合的网络化系统。通过计算和物理进程两者之间的相互影响与反馈,实现信息系统与物理系统的深度融合和实时交互。最终目的是将所获取的物理系统的信息和实际物理系统的运行结合起来,从而改

变现有工程系统的构建方式和方法。

王中杰等[25]认为,CPS 强调"Cyber-physical"的交互,包括未来网络环境下海量异构数据的融合、不确定信息信号的实时可靠处理与传输、有限资源的动态协调与组织等。

孙棣华等[12]结合智能交通系统的研究现状和 CPS 的研究进展,从系统工程的角度对未来交通 CPS 的理论研究和实际应用进行了分析。将CPS 技术应用于交通系统其核心就是将交通物理系统状态的实时状态传递到交通信息系统中,基于计算、通信、控制 3C 技术集成,将交通信息基元与交通物理对象融为一体,充分发挥信息技术的优势,通过两者之间的相互作用与反馈,实现交通信息物理系统的全面协调和实时优化。

（2）从理论研究的角度,关于 CPS 的研究成果将从系统建模、安全和时间一致性需求 3 个方面总结

1）CPS 的系统建模问题

考虑到 CPS 中物理系统和计算系统的时间一致性,异构性、不确定性等问题,Al-Hammouri 等[7]认为,将 CPS 中计算进程和物理进程统一建模的数学分析非常复杂。因此,Al-Hammouri 等[7]将 ns-2 和 Modelica 集成一个仿真平台,前者用于仿真网络行为,后者用于大规模复杂系统的建模。

为能够解决 CPS 建模过程中所遇到的异质模型的融合等问题,Henriksson 等[29]针对 Modelica 语言系统级建模功能缺失的问题,以SysML 为基础,提出了一种针对 Modelica 改进的 ModelicaML。Schamai等[30]对 CPS 系统进行集成建模和仿真时,将 UML 的状态图引入Modelica 中,结合 Modelica 对连续域物理行为的建模仿真能力,扩展出用于连续域和离散事件域的行为建模 Modelica-statecharts。另一种则是对现有异质模型,在保持其精确的语义基础上,实现一种模型向另一种模型形式上的转换。已有的模型转换工作主要包括 AADL 与 UML 转换[31]和Simulink 向 UML 转换[32],以及基于 Rhapsody 的 UML 和 Simulink 的代码级模型融合等。

李晔等[26]以面向对象 Petri 网为语义基础,从多 Agent 系统的角度研究信息物理融合系统,建立从高层次上理解和分析的信息物理系统的架构模型。李晓宇等[33]针对 CPS 计算-物理融合问题,首先采用不同的建模工具分别对 CPS 物理实体和计算实体进行建模,然后利用模型转换技术实现信息物理融合的异构模型,并结合 CPS 典型实例月球车系统对以上方法进行了验证。陈援非等[34]基于本体建模技术,采用信息物理映射的建模方法,建立了智能空间模型。

2)CPS 的安全性问题

将 CPS 应用于医疗系统、交通监控、能源管理、环境监控、航空航天等基础设施中,如何保证系统的正确性和安全性是 CPS 需要解决的关键问题之一。

Cardenas 等[35]总结了 CPS 中的安全控制问题,指出 CPS 中安全涉及消息的完整性、有效性和保密性等问题。Pham 等[27]研究了以人为中心的隐私保护问题,提出了基于互信息的隐私保护措施,实现隐私和精确数据重构的均衡。Chong 等[28]认为,在 CPS 系统中,通过 Self-identifying data 的方式,对数据信息进行标记。虽然此类技术不能对信息的安全进行加密,但可对信息的来源进行准确追溯,从而保证信息的可靠性。伊利诺伊大学提出的 Simplex 参考模型能够协助建立 CPS 架构,限制了 CPS 中不可靠设备间的错误传播(Fault Propagation),并在该大学香槟分校的 Convergence 实验室的测试平台上的实验证明了该模型在 CPS 实际应用中是有效的[36]。

3)CPS 的时间一致性问题

CPS 的核心是将计算、通信与控制技术(Computation,Communication,Control,3C)集成于一体。从其交互环境的角度来看,其目标是对物理系统的感知与控制,因此,CPS 中时间一致性问题非常重要[37]。

由于 CPS 软件应用的广泛性,异构的环境实体将导致交互出现多样性,使得时间度量本身可能存在多种形态(比如用距离、角度来衡量时间)。具体代表性的需求建模方法主要有基于目标的方法[38]、基于主体与意图的方法[39]和基于问题框架的方法[40]等。在时间需求建模上,面向目标的方法使用带类型的一阶时序逻辑作为语言。为刻画有目的的参与者,面向主体和意图的方法上下文的需求获取和建模的思路,使用带类型的一阶时序逻辑语言对时间需求进行描述。这些时间需求工作都基于时序逻辑,可以描述定性约束。

（3）在应用方面,各国学者们对 CPS 的相关研究和应用取得了显著的研究成果

2006 年,在美国举办的高可信医疗设备软件与系统（High Confidence Medical Device Software and Systems,HCMDSS）研讨会上描述了高可靠医疗器材的非传统设备特征即后来的 CPS 特征[41]。Carnegie Mellon University 的 MarijaIlic 研究小组在智能电网方面的研究[42-43],Massachusetts Institute of Technology 开发的分布式设计的智能机器人,Indiana University 的城市排水管网监控管理[44],University of Pennsylvania 开发了车辆智能导航系统。此外,为了增进科技研发和促进经济发展,使欧洲产业在全球市场上取得优势,欧盟还成立了 EPoSS（European technology Platformon Smart Systems integration）[41]。

在韩国,KITIPA（Korea IT Industry Promotion Agency,KITIPA）于 2008 年举行了 DIEC（Daegu International Embedded Conference,DIEC）,通过对网络化特征的嵌入式技术讨论,提出了 CPS 的相关研究工作[25]。日本每年举办的嵌入式技术研讨会,也对 CPS 的相关工作进行了密切关注。在中国,国家自然科学基金、"973 计划"和"863 计划"都已把 CPS 的相关研究作为重点。

1.2.2　T-CPS 的相关研究

CPS 技术应用于交通系统,为缓解交通拥堵、监控车辆安全、节能减排、无人驾驶等问题提供了新的思路。作为下一代智能交通系统的发展的重要方向[12],交通领域的 CPS 的研究及应用也得到学者们的广泛关注[14]。

11

随着 2008 年 NSF 等机构举办的交通 CPS 研讨会和 2014 组织的 CPS 会议,从 CPS 应用于交通系统中遇到的问题、挑战、拟解决的关键问题等方面进行了相关讨论。Pu[45]认为,交通系统是 CPS 的一个典型应用,物理系统由不同运输模式之间的互操作性构成,信息系统是交通信息的集成与整合。Tiwari[46]认为,交通 CPS 是计算、通信和物理设备之间的交通过程。Sengupta 等[47]认为,交通 CPS 是解决当前交通封闭的交通控制系统存在问题的重要手段,具有重要的研究价值。Chen[48]等提出了一个自组织的 T-CPS 架构,该架构从功能的角度将交通系统的物理组件分为六层。针对 CPS 这一复杂系统的安全性问题提出了一种实验验证方法,并以航空交通以及铁路调度为例进行了仿真说明[49]。Srivastava 等分析了 CPS 视角下的安全性问题,提出了如何模拟复杂交通,如何模拟人在回路中,以及建立什么样的网络结构等挑战性问题。Lin 等[50]根据驾驶环境的时空变化特性,提出了量化驾驶员的意图,建立自适应控制模型确保车辆操作的安全性,设计灵活安全的控制界面等关键问题。从网络化特征的角度[51],建立了基于 NS-2 的具有交通 CPS 特征的仿真实验方法。

Gaddam 等[52]认为,CPS 包括两个重要的组成部分,即物理过程和网络系统。网络系统由一些感知、计算和通信能力的设备构成;物理过程受网络系统的实时监控。作为 CPS 的一个典型应用[11],交通运输系统发展方面遇到的技术瓶颈包括可靠性问题、重复利用性问题和成本问题。

Iqba 等[53]提出了针对交通状态监测的 CPS 构架,试图实现系统的可靠性、准确性以及系统的自动控制。针对航空交通系统[54]、铁道交通系统[49]和公路交通系统[55-56]等进行了研究。Chen[48]等学者提出了一个自组织的 T-CPS 架构,该架构从功能的角度将交通系统的物理组件分为六层,最后实现一种自组织的控制系统结构。

文献[56]以汽车为出发点,探讨了 CPS 环境下如何提升人的移动性以及安全性问题。针对 CPS 这一复杂系统的安全性问题,以航空交通以及铁路调度为例进行了仿真说明[49]。Cai[55]基于 CPS 的体系架构研究了公交到站时间预测问题,根据公交数据的特性建立了基于 CPS 的协同预测模型。对交通信息物理系统的控制问题[50],以信息与交通系统的物理过程融合为出发点,根据信息流、控制命令、行为控制等建立了一套交通系统控制模型,同时对计算系统的信息流以及交通标识系统等进行了分析。

以交通流理论为基础[57],针对交通信息物理系统可能受到攻击的问题展开了研究,以元胞自动机仿真技术为手段进行了信息物理系统攻击影响分析。Jaehoon 等[58]基于车辆云服务以及智能路侧设备等研究了车辆信息物理系统,针对事件预测和数据传输建立了延迟模型,最后以互动导航以及行人保护为应用背景展现了系统的高效和安全性。Dongyao 等[59]基于车联网以及自动驾驶车队的特性,建立了基于车队的车辆信息物理系统架构,研究了分布式车辆编队控制方法以及网络的不确定性对交通流的影响等问题。

Jeong 等[60]针对交通系统这一类大尺度的智能系统的协同问题,该文提出了基于自适应网络的模糊推理模型,以此降低交通系统中协同监控的错报率。理想情况下,自动驾驶比有人驾驶优势明显。但是,大量车辆的分布式控制仍然是一个复杂问题,特别是面对突发事件,如地震。车辆必须协同疏散到安全地区,这需要有效的车车通信,而且通信必须保证安全。Gerla 等[61]认为,以上问题可通过 Vehicular Cloud 解决。Vehicular Cloud 是一个信息物理融合系统,接收各种车载传感器信息。

1.2.3　交通数据的分析方法

随着表征交通物理系统实时状态的海量信息的持续增长,针对海量交通流式数据的研究不仅是交通领域的研究重点,也是机器学习、数据挖掘、模式识别及统计分析等领域研究的热点问题之一。本节从交通状态的判别方法、交通状态的预测方法以及聚类算法在交通数据分析中的应用 3 个方面进行总结。

（1）**交通状态判别**

交通状态的判别方法可分为异常状态的判别和正常状态的判别。最早提出的交通状态判别算法 California 被广泛应用的交通拥堵检测算法。随着数据分析方法相关理论的发展，交通状态检测算法可分为以下 4 类：

1）基于模式识别的方法

1965—1970 年年间，提出的 California 算法被广泛应用于拥堵状态的检测中，该算法是典型的模式识别方法。通过增加持续性判断条件，提高交通拥堵判别的准确率，Payne 等改进了 California 算法[62]。此外，结合具体的问题，经过改进的 California 算法被相继提出[63]。

2）基于统计分析的方法

基于不同的统计分析方法，该类方法可分为标准差法、Bayesian 法、指数平滑法、差分自回归滑动平均（Auto Regression Integrated Moving Average，ARIMA）等。

3）基于突变理论的方法

基于突变理论，McMaster 大学的研究者提出了 McMaster 算法[64]。McMaster 算法假设交通流从拥堵状态向非拥堵状态变化时速度应该发生"突变"，而流量和时间占有率变化应该平稳。

4）基于人工智能的方法

为实现交通状态的自动判别，将多层前馈神经网络[65]、贝叶斯概率神经元网络[66]等方法应用其中，并取得了较好的检测效果。

（2）**交通状态预测方法**

道路交通状态预测是根据道路交通流过去、现在的交通参数来推测未来的交通状态。随着交通信息采集技术和处理技术的发展，更多的智能化技术、高级算法被应用于交通状态判别的研究中。此外，从 20 世纪 60 年代起，人们就开始把其他领域应用成熟的预测模型用于道路交通状态预测领域，并开发了多种预测模型和方法。目前的研究主要集中于交通状态的短时预测，具有代表性的方法归纳如下：

1）基于线性统计理论的预测模型

线性统计理论预测模型的基本思想是通过建立相关的预测模型,对未来的交通流参数进行估计。具有代表性的方法有 Kalman 滤波法[67],指数平滑法[68]、小波分析[69]、混沌理论[70]等。

2）基于非线性的预测模型

基于非线性的预测模型的基本思想是通过大量历史数据的统计分析,从中发现交通流数据的演化规律,并以此作为交通状态预测的依据,如 K 近邻法[71]、决策树法[72]等。

3）基于知识发现的智能预测

基于知识发现的智能预测方法的基本思想是基于人工智能技术,如神经网络[73]、支持向量机[74]等,实现对交通流的预测。

4）基于交通仿真的预测

基于交通仿真的预测方法是利用交通仿真工具,VISSIM,PARAMICS,CUBE INTEGRATION 等交通流仿真软件,模拟交通流运行特征,进而实现对交通流参数的预测。但是,交通仿真结果与交通运行的实际情况存在一定的差距,实用性有待深入研究[75]。

5）基于组合模型的预测

基于组合模型的预测方法的目的是充分发挥各个预测模型的优点,将两种或两种以上不同类型的预测模型组合起来进行最终预测,进而达到提高预测精度的目的。例如,将 RBF 神经网络[76]和模糊 C 均值相结合的预测模型应用于高速公路交通流参数的预测中。

（3）交通数据的聚类分析

相似性作为人们认识事物的工具之一,聚类分析已经被广泛应用于交通系统的多种问题的解决中。根据交通系统中所需解决的问题,学者们应用聚类分析进行了一些深入研究[77]。文献[78]在解决城市交通状态估计问题中建立了基于聚类模式的交通状态分类方法模型。同样针对交通状态估计问题,文献[79]采用了基于网格的聚类分析方法。Ai-Zeng等[80]采用了模糊聚类分析方法对交通事件特征进行了分析。姜桂艳等[81]针对交通事件自动检测效果不佳的问题,提出了以因子分析与聚类分析为手段的基于多个交通事件自动检测基本算法的决策级融合方法。在交通状况的实时自动监测和分析方面,文献[82]采用基于人工免疫网络的聚类分析方法。

在交通流预测方面,聚类分析也有一定的研究和应用[83-84]。文献[85]探讨应用 SOM 多维表征的方法来预测流量的时间序列关系,其中采用聚类的方法进行短期交通流的预测。在分析道路交通流量的时空分布特性研究中[86]、交通影响分析中的时间段选择等问题[87],聚类分析应用也十分广泛。

根据交通数据的特点,交通数据的聚类分析也有一定的研究。针对交通流式数据进行聚类分析,潘云伟等[18]提出了采用基于网格和密度的 D-Stream 算法,并将粒子群优化算法引入聚类过程中。文献[16]对实测的交通事故数据进行了时空聚类分析。Wei 等[15]结合交通流式数据的时空特性,提出了两阶段的增量聚类算法。从 CPS 环境中多维感知数据分析的角度,基于聚类思想的,Tang 等[17]提出了交通系统中非典型事件的识别方法。

1.2.4　流式数据的聚类分析

近年来,关于流式数据的聚类分析和规律发现研究已经成为一个新的研究热点。本节将从不同的角度对流式数据的聚类现状进行综述。

如图 1.2 所示,传统的静态数据库的聚类算法可以划分为:划分方法、层次方法、基于密度的方法、基于网格的方法、基于概率模型的聚类、聚类高维数据、聚类图和网络数据、基于约束的聚类等。本书将从单流式数据聚类、多流式数据相关性分析、高维数据聚类、图聚类等方面进行归纳。

(1)单流式数据聚类

单流式数据聚类以单一数据统计点的流式数据对研究对象,只考虑该条流式数据的变化规律及特点。

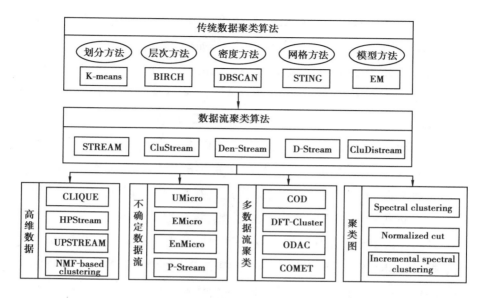

图 1.2 流式数据聚类算法发展

考虑到流式数据的时间特性,流式数据环境中的聚类算法又可分为单遍扫描的聚类算法和基于时间演化的进化聚类算法。Guha 等[88] 提出利用 k 中值算法进行流式数据聚类的严格的一次访问算法。Charikar 等[89] 提出了一种空间复杂度为 $O(kpoly \log N)$ 的流式数据 k 中值算法,改进了由于层次增多而导致的近似性下降问题。O'Challaghan 等[90] 提出了 STREAM 算法以及 LOCALSEARCH 子处理过程进行高性能流式数据聚类。

假设数据流的底层模型不断变化,进化数据流的聚类分析方法是将流式数据的行为看作动态变化的过程,在不同的窗口内抽取出不同的聚类模型,以适应随时间不断变化的流式数据的聚类需求。为了能在任意时刻给出当前流式数据的聚类结果,Aggarwal 等[91] 提出了 CluStream 算法,解决了 STREAM 算法没有考虑流式数据演变的因素。CluStream 算法采用金字塔时间框架,包含在线微聚类和离线宏聚类两部分。针对高维连续属性流式数据,Aggarwal 等[92] 提出了基于投影的流式数据聚类算法 HPStream。Cao 等[93] 提出了基于密度的方式发现进化流式数据中簇结构的 DenStream 算法。DenStream 算法将具有遗忘特性的微聚类与经典的 DBSCAN 算法[94]相结合,采用了 CluStream 的两阶段处理框架,把聚类分析的过程分为联机和脱机两部分。Lühr 等[95]提出了基于稀疏图的 RepStream 算法,其思想是采用代表性聚类点来增量地处理新增数据。

与流式数据聚类相近的另一概念进化聚类是由 Chakrabarti 等[96]提出,该算法的目标是使得第 t 步数据上的聚类与第 $t-1$ 步数据上的聚类尽量相似,并给出了基于 k 均值和层次聚类的进化聚类版本。Chi 等[97]利用类似文献[96]的思想,对谱聚类进行扩展,提出了两种进化谱聚类算法。Tang 等[98]沿用演化谱聚类的思想,将其推广到多关系数据聚类的问题,以处理动态网络中的社团发现等问题。Wang 等[99]提出了聚类进化数据的 ECKF 框架,该框架基于低秩矩阵逼近的方法[100-101]来处理随时间不断演化的数据的聚类问题。将 t 时刻样本的聚类指示矩阵作用于 $t-1$ 时刻,逼近 $t-1$ 时刻数据矩阵的误差作为时间损失项。关于进化聚类算法的研究重点是相邻时间段聚类过渡的平滑性[102-105],其主要应用于社会网络中的社团发现及其演化分析。

(2)多流式数据相关性分析

随着信息技术的广泛,将流式数据作为聚类对象,研究多流式数据环境中不同流式数据之间可能存在的某种耦合关系已经广泛展开。多流式数据聚类以多个数据统计点的流式数据为研究对象,同时考虑两个或者两个以上流式数据之间的相似程度。

针对实际应用中巨大的流式数据数量,StatStream[106]算法利用滑动窗口模型,将每一个滑动窗口分为若干基本窗口,通过离散傅里叶变换将基本窗口内的原始流序列进行约减。

SPIRIT 算法[107]可在多个流式数据中发现相关性并探测隐藏变量,每一个隐藏变量都代表多条流式数据的某种趋势。对每个变量均赋予一定的权重,作为对整个流式数据的贡献大小,通过 PCA (Principle Component Analysis, PCA)方法动态地更新隐藏变量并计算其权重,进而基于流式数据的相关性分析进行预测。

Yang 等[108]将多流式数据间的聚类问题定义为维度随时间不断增长数据点的聚类问题,提出了一种增量聚类算法用于将多条流式数据聚类为多个不同的簇。

根据用户的要求,Dai 等[109]提出了一个多数据流的进化聚类框架 COD。COD 中以动态地对多条流式数据进行聚类,并可支持多种数据处理的请求,包括在线概要维护与离线生成聚类结果部分,对多条流式数据同时进行单遍扫描提取统计信息,基于小波和回归分析的概要统计结构为多窗口的聚类挖掘请求提供支持。

Beringer 等[110]将每个流式数据的一个一定长度的滑动窗口中的数据保存下来,采用离散傅里叶变换(Discrete Fourier Transform,DFT)的方法对流式数据进行压缩。Yeh 等[111]提出了基于多流式数据关联关系的多进化流式数据聚类框架 COMET-CORE。该框架采用分段线性近似(Piecewise Linear Approximation,PLA)对流式数据进行压缩,并以此计算流式数据之间的相关系数,进而度量流式数据相互之间的相似性。

(3)**高维数据聚类**

针对流式数据环境中的高维数据聚类问题,基于投影聚类的思想,Aggarwal 等[92]提出了应用于高维流式数据聚类的 HPStream 算法。Agrawal 等[112]使用 DFT 将原始时间序列转换为少数几个离散傅里叶系数,在维数约简的基础上使用欧氏距离进行序列的聚类研究。与此类似,通过离散小波变换进行约简之后聚类[113]。

(4)**图聚类**

在实际应用中,如蛋白质网络、Internet 的物理层网络、交通物理网络等是相对静态的网络。例如,交通网络、社交网络等网络的拓扑结构随着时间不断变化。自 2005 年起,对网络的社团结构发现的研究成为研究者们关注的热点问题[114-118]。

为分析不同时刻网络的演化情况,可将动态网络社团发现的方法分为两类:增量聚类和进化聚类。

1）增量聚类

增量聚类[95,104]的思想是基于相邻时刻动态网络变化不大的特点,对相邻时刻网络进行比较,在上一时刻网络社团聚类结果的基础上计算当前时刻网络社团结构,有效降低算法的时间复杂度,且保证相邻时刻网络社团结构具有较好一致性,在多个时间点上进行增量式分析。

根据时间尺度的不同,增量聚类可分为在一个时间点的聚类分析和在多个时间点的聚类分析两类。在一个时间点与流式数据聚类类似,为了在有限的存储空间上实现对快速产生的流式数据的有效聚类,只对聚类数据顺序考察一遍。鉴于单个时间点聚类的局限性,为能够更准确地反映实际情况,需要对某一个对象在多个时间点上进行聚类分析。

受启发于牛顿万有引力的思想,Yang 等[118]在复杂网络中定义了节点间的排斥力和吸引力。采用近似迭代方法计算复杂网络中节点间相互作用力[118],通过多次迭代,使得社团内部节点之间的引力越来越大,社团间的节点将凝聚成不同的斥力极性。当某条处于社团间边的斥力经过多次迭代后超过某个阈值,社团间的边将会断裂,分裂为两个社团。

为了对动态图进行分割,Sun 等[119]基于信息理论的方法提出 GraphScope 框架。该框架使用二分图对整个网络流式数据划分成 S 个片段,使得每个划分片段中的图具有更多的相似性,不同划分片段中的图具有更大的差异性。GraphScope 框架将每个片段内的所有图结构及其社团结构进行编码,应用局部搜索的方法,求得近似最优解。

Ning 等[104]提出了一种增量谱聚类的动态网络社团结构发现方法,通过增量的方式迭代更新网络的谱系,从而获取变化后的社团结构。考虑到网络的随机性和突发性,Tong 等[120]提出了 Colibri 方法来处理静态和动态的网络分析。

2）进化聚类

依据动态网络变化缓慢的基本特性 Chakrabarti 等[96]提出了进化聚类的概念,该算法的目标是使得每个时刻最优的聚类结果使快照质量最大、历史开销最小。利用快照质量衡量当前聚类结果 C_t 在当前网络拓扑 G_t 下的聚类质量,利用历史开销衡量当前时刻聚类结果 C_t 与前一时刻聚类结果 C_{t-1} 的差异性[96]。框架的具体描述为

$$sq(C_t, G_t) - \alpha hc(C_{t-1}, C_t) \qquad (1.1)$$

Chi 等[97] 提出了基于谱聚类的保持聚类质量(Preserving Cluster Quality,PCQ)和保持聚类成员(Preserving Clustering Membership,PCM)的框架。其中,PCQ 算法将历史数据和历史的聚类结果应用于当前时刻的聚类中,如式(1.1)所示。

针对同一个网络中存在异构结点,并且异构结点之间可能存在某种联系等问题,Tang 等[121] 提出基于谱聚类的进化聚类框架。为了降低噪声数据对结果的影响,提高算法稳定性,Lin 等[103] 应用贝叶斯统计学中的方法提出 FacetNet 框架。与一般的进化聚类算法的不同在于:FacetNet 框架中不仅使得社团进化,同时利用社团的进化反过来调整网络社团的结构。

本书的后续工作将通过基于 CPS 的交通流式数据的特点,结合流式数据聚类分析的研究现状,研究适合于交通流式数据的聚类分析和演化趋势发现方法。

1.3　主要研究内容

为构建适合于交通多流式数据的聚类方法,本书围绕基于 CPS 的交通流式数据的特点,基于流式数据聚类的相关理论和方法的研究现状,对具有高维特征的交通多流式数据的聚类问题展开研究。首先,对 CPS 及交通 CPS、交通数据的分析及处理、流式数据的聚类等若干问题的研究现状进行了深入研究。其次,针对交通系统中的流式数据的特点,结合高维数据低秩表示和多相关类型数据聚类的研究现状,研究表征交通物理系统状态的广域多维的交通多流式数据的聚类分析及交通多流式数据的演

化趋势发现方法。

主要研究内容如下：

（1）从 CPS 的研究发展、交通数据的分析方法、流式数据的聚类分析等方面的工作进行深入研究

首先，对 CPS 的发展现状、T-CPS 的相关工作进行了总结。其次，从两方面对交通数据的分析方法的研究现状进行了总结：一方面，将一般的数据分析及处理方法应用于交通状态的判别、预测等问题中；另一方面，总结了针对交通数据的特点的分析方法，如交通流式数据的聚类等。最后，从单流式数据聚类、多流式数据聚类、高维数据聚类、图聚类等方面对流式数据的聚类研究现状进行综述。

（2）从 CPS 的角度，对交通流式数据的特点及特性进行深入分析

由不同的感知设备（如红外、微波、线圈、RFID、超声波等）所采集到的表征交通物理系统实时状态的数据包括交通系统的管理控制数据、静态的道路基础设施数据以及动态的交通状态数据等。为探索基于 CPS 的交通流式数据的分析及处理方法，对表征交通状态的常用参数进行了描述，以固定检测器监控高速公路实时状态的交通流式数据为对象，基于实测数据对交通流式数据的周期演化、纵向传播等特性进行了分析。

（3）结合交通流式数据的周期演化特性，提出基于非负矩阵分解的交通多流式数据进化聚类分析方法

根据交通流式数据的高维特性，结合非负矩阵分解用于高维数据的聚类时具有可解释性强、符合数据的真实物理属性等优势，提出一种用于多流式数据聚类的进化聚类算法 EC-NMF。EC-NMF 算法结合流形学习方法的保持局部不变性特点，分别基于特征空间和数据空间，构建最近邻图来刻画它们各自的分布流形结构。为了保持聚类结果随时间变化的一致性，EC-NMF 算法考虑了多流式数据的历史聚类结果的信息。基于提出的框架，推导出一个交替迭失更新规则，并从理论分析和仿真实验两方面对 EC-NMF 算法进行了分析和验证。

（4）**结合交通流式数据的纵向空间传播特性，提出交通多流式数据的联合聚类算法**

通过对表征交通状态的交通时间序列数据的纵向特性进行分析，有上下游关系断面之间的交通状态具有相似的演化趋势。分别构建具有空间关系的两个网络，利用二分图的方法来建模结合上下游关系的交通多流式数据的聚类问题。基于非负矩阵三分解的联合聚类的思想，提出了具有时空特性的交通多流式数据的联合聚类模型 STClu。为发现同一网络中多流式数据之间的相关性，STClu 模型结合相关网络随时空不断演化的异步传输特性进行聚类分析。基于不同的数据集验证 STClu 算法的有效性。

（5）**根据交通多流式数据之间的滞后相关性特点，提出基于谱图理论的交通多流式数据的演化趋势发现方法**

通过分析交通多流式数据之间的滞后相关性特点，基于 Pearson 相关计算的思想，给出基于滑动窗口的多流式数据的滞后相关性系数计算过程。将以流式数据为单位的多流式数据聚类问题转化为邻接图的聚类，通过滞后相关的多流式数据相关性计算方法，构建邻接图的邻接矩阵。基于谱图理论的相关思想，提出聚类交通多流式数据的聚类算法 ICMDS。为能够通过基于 ICMDS 算法所获得的不同时刻聚类结果的分析，发现交通流式数据的演化特性，提出交通多流式数据的演化趋势发现算法 TEEMA。

综上所述，本书在相关研究工作的基础上，结合交通流式数据的周期演化特性、纵向传播特性，分别构建了交通多流式数据的聚类模型，提出了交通多流式数据的聚类分析方法。为进一步探索交通流式数据随时空不断演化的特性，提出了基于聚类思想的交通多流式数据演化趋势发现方法，并从理论分析和仿真实验两方面对本书所提出的方法进行了分析和验证。

1.4　本书的组织结构

通过对基于 CPS 的交通流式数据的特性分析,研究交通多流式数据的聚类分析及演化趋势发现方法。本书的组织结构安排如图 1.3 所示。

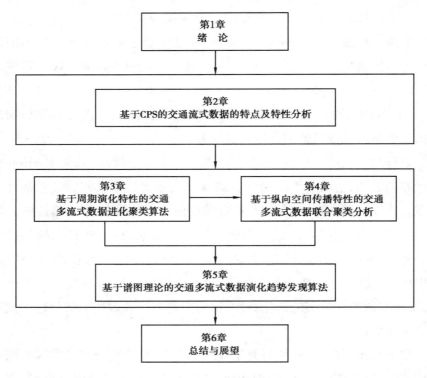

图 1.3　本书组织结构图

第 1 章,该部分首先介绍了本书的研究背景及意义。其次对 CPS 及交通 CPS 的发展、交通数据的分析及处理、流式数据聚类分析及动态网络社团发现的研究现状进行了综述。最后简述了本书的主要研究内容和全文的组织结构。

第 2 章,对表征交通状态的交通参数进行描述,总结了基于 CPS 的交通流式数据的特点,基于实测数据对交通流式数据的周期演化特性、纵向传播特性、多流式数据之间的演化特性进行了分析。

第 3 章,根据交通流式数据的周期演化特性,基于低秩近似矩阵分解思想,提出先验嵌入和图正则约束相结合的多流式数据进化聚类框架 EC-NMF。

第 4 章,结合交通流式数据之间的纵向传播特性,根据两个或者两个以上相邻数据统计点的断面交通流式数据之间的相互关系,建立具有空间相关的任意两个网络之间的关系模型。结合基于非负矩阵三分解的联合聚类算法的研究现状,提出了具有时空特性的多流式数据联合聚类模型 STClu。

第 5 章,通过分析多个断面的产生的流式数据的滞后相关性特点,基于传统的 Pearson 相关性度量方法,给出基于滑动窗口的多流式数据的滞后相关系数计算过程。提出基于谱图理论的交通多流式数据聚类算法 ICMDS 以及基于聚类分析的交通多流式数据演化趋势发现算法 TEEMA。

第 6 章,对本书的主要研究内容进行总结,并在此基础上对下一步的研究工作进行了展望。

第 **2** 章
基于 CPS 的交通流式
数据的特点及特性分析

基于 CPS 的表征交通物理系统状态的数据包括由不同的感知设备（如红外、微波、线圈、RFID、超声波等）采集到的交通管理控制数据、静态的道路基础设施数据，以及监控道路交通状态的数据等。本章以监控道路交通状态的数据为对象，首先，对表征道路交通状态的主要参数进行描述。其次，对不同的检测设备所获取的监控道路交通状态的流式数据的特点进行归纳总结。最后，基于实测数据，对交通流式数据的周期演化特性、纵向传播特性、交通多流式数据的相似性演化趋势进行分析。

2.1 交通状态描述

常用的交通状态监测技术有微波、感应线圈、视频、GPS（Global Positioning System，GPS）等技术。根据监测方式的不同，可分为人工检测和自动检测两类。本书所说的交通状态检测技术指的是自动检测技术。在交通状态自动检测的技术中，根据检测设备工作地点的不同，又可将实时交通信息采集技术分为固定型检测技术与移动型检测技术两类[122]。固定型检测器一般安装在固定位置,对经过此地点的所有车辆进行检测。移动型检测器是运用装有车载设备的车辆的移动位置获取交通数据信息,如浮动车等检测技术、基于 GPS 的移动定位技术可获得车辆的经纬度坐标和速度方向,通过计算可得到车辆的瞬时速度、行程时间、平均速度等交通信息。两类检测技术各有优缺点,固定型检测设备无法直接检测到全路网的交通信息,移动型检测设备的成本相对较高。因此,实际应用中,为了适应不同的空间位置、道路条件、天气等因素造成的影响需要采用不同的检测技术。

为能够获悉实时的道路交通状态,需要对所获取的交通状态参数进行分析和处理。表征交通状态的交通参数包括流量、速度、占有率、平均车头时距、车间头距及密度等。一般情况下,主要以流量、速度、占有率以及车头时距来分析道路交通的实时状况。

(1)**流量**

流量是指单位时间内通过道路某断面或指定地点的交通实体数。从时间维上,流量可分为高峰小时流量、日流量和月流量等;在空间维上,流量可分为单车道流量、单向流量和双向流量等。

流量一般用 Q 表示,在交通调查中表示为

$$Q = \frac{N}{T} \tag{2.1}$$

其中,N 表示观测时段内通过的车辆数;T 表示观测时段长度。

不同的时间和空间下,流量具有不同的变化特征,通过观察其变化规律可在一定程度上度量道路交通状态的演化特性。但由于同一流量可能对应两种截然不同的交通状态,因此,在实际应用中需要与表征交通状态的其他参数结合使用。

(2)**速度**

速度是指单位时间内,车辆通过的距离。然而,在交通系统中对速度的概念存在多种解释,下面将从微观和宏观的角度对其进行描述。

1）微观角度

从微观角度，单辆车的速度描述包含地点、平均行程和平均行驶速度等。

地点速度也称瞬时速度，是指车辆通过某一地点或在某一瞬间的瞬时速度。如式（2.2）所示，将车辆经过某极短距离的长度（如线圈的宽度）与通过时间之比来近似代替地点速度[123-124]，即

$$v = \frac{\mathrm{d}x}{\mathrm{d}t} = \lim_{t_2 - t_1 \to 0} \frac{x_2 - x_1}{t_2 - t_1} \tag{2.2}$$

其中，x_1 和 x_2 分别表示 t_1 和 t_2 时刻的车辆位置。

2）宏观角度

从宏观角度，交通系统中的速度包括时间平均速度和区间平均速度，分别用 $\bar{V}_t$ 和 $\bar{V}_s$ 表示。

时间平均速度 $\bar{V}_t$ 是指在固定断面或地点，某时间段内所有车辆地点速度的算术平均值。$\bar{V}_t$ 用于描述交通流在特定观测点的运行状况，计算公式为

$$\bar{V}_t = \frac{1}{N} \sum_{i=1}^{N} v_i \tag{2.3}$$

其中，v_i 表示第 i 辆车的地点速度；N 表示时间段内经过的车辆数。

区间平均速度 $\bar{V}_s$ 是指某区域内其路段长度与所有车辆通过该区域的平均行程时间（或平均行驶时间）之比。$\bar{V}_s$ 用于描述交通流在特定路段空间上的运行状况，计算公式为

$$\bar{V}_s = \frac{L}{\frac{1}{N} \sum_{i=1}^{N} t_i} \tag{2.4}$$

其中，L 表示车辆通过区域的路段长度；t_i 表示车辆 i 通过该区域所用的行程时间（或行驶时间）。

将式 $t_i = \frac{L}{v_i}$ 代入式（2.4），得

$$\overline{V}_s = \cfrac{L}{\cfrac{1}{N}\sum_{i=1}^{N} t_i} = \cfrac{L}{\cfrac{1}{N}\sum_{i=1}^{N} \cfrac{L}{v_i}} = \cfrac{1}{\cfrac{1}{N}\sum_{i=1}^{N} \cfrac{1}{v_i}} \tag{2.5}$$

式(2.5)表明,区间平均速度是观测区域内所有车辆行程(或行驶)速度的调和平均值。

时间平均速度 $\overline{V}_t$ 和区间平均速度 $\overline{V}_s$ 之间的转换关系式可表示为

$$\overline{V}_t = \overline{V}_s + \frac{\sigma_s^2}{\overline{V}_s} \tag{2.6}$$

$$\overline{V}_s = \overline{V}_t - \frac{\sigma_t^2}{\overline{V}_t} \tag{2.7}$$

其中,σ_s^2 和 σ_t^2 分别表示区间平均速度和时间平均速度的方差。

在实际应用中,较之区间平均速度,时间平均速度更容易获取。因此,本书所涉及的速度均指时间平均速度。

（3）**占有率**

与宏观的速度分类相似,从时间和空间的角度可将占有率分为空间占有率和时间占有率两类,分别用 O_s 和 O_t 表示。

空间占有率 O_s 是指某区域内所有车辆长度之和与区域内路段总长度之比,计算公式为

$$O_s = \frac{1}{L}\sum_{i=1}^{N} l_i \tag{2.8}$$

其中,l_i 表示车辆 i 的长度;N 表示区域内的车辆数。

空间占有率表现了密度的大小,更能反映道路被实际占用的情况。但与密度参数相似,空间占有率获取难度较大,使其应用于交通工程中时受到一定的限止。

时间占有率是指某时段内检测器被车辆占用的时间之和与总时长之比。计算公式为

$$O_t = \frac{1}{T} \sum_{i=1}^{N} t_i \qquad\qquad (2.9)$$

其中,T 表示总时长;t_i 表示车辆 i 占用检测器的时间;N 表示时间 T 内通过检测器的车辆数。

本书所涉及的占有率均指时间占有率,由于密度参数的获取具有一定难度,而占有率参数易于获取,在一定程度上可以替代密度。因此,在本书的分析中,以流量、速度(时间平均速度)、占有率(时间占有率)为基本参数对交通流式数据的特性进行分析。

2.2 基于 CPS 的交通流式数据的特点

由不同的检测设备所产生的交通数据随时间和空间的变化而变化,如以 GPS、RFID、感应线圈等采集的实时交通状态的数据以流的形式持续产生、连续增长、不断演化。与普通的数据相比,交通流式数据具有以下特点:

(1)实时性

交通 CPS 中的数据以在线的方式持续到达,实时地反映交通物理系统当前时刻的运行状态。

(2)时间相关性

交通流量分布随时间变化而变化,在不同的时段,交通流量呈现出不同的特征。

(3)空间相联性

交通流式数据反映着由人、车、路等构成的交通物理系统状态的变化。这种变化不仅与本路段过去几个时段的交通流有关,还受上下游的交通流、道路环境和天气变化等因素的影响。

（4）不确定性

由不同的感知设备所采集的流式数据仍存在不确定性,如误读、重复和缺失等问题。

（5）海量性

大量的感知设备产生海量数据。目前,将感知设备用于监控道路的实时状态,每一个感知设备以每 5 min 的采样间隔产生一条记录,每一周将产生 2 016 条数据记录。对于部署若干个感知器的道路监控系统而言,需要处理的数据量将以 TB,GB 级增长。

基于上述特点,为实现不同的时空条件下的多固定型检测器的动态交通状态参数的聚类分析,以下将从交通流式数据的周期演化特性、纵向空间传播特性、交通多流式数据的相似性演化趋势等方面对其进行分析。

2.3　交通流式数据的特性分析

本书以监控高速公路实时状态的流式数据为对象,从时间和空间的角度,基于实测数据对表征交通状态的交通流式数据的特性进行分析。本节选取表征交通状态的流量、平均速度、占有率、平均车头时距等参数分别为总车流量、总平均速度、总平均占有率和总平均车头时距。

2.3.1　交通流式数据的周期演化特性分析

时间相关性是交通状态变化的一个显著特征。首先对基于不同的时间尺度与高速公路的交通流式数据的周期演化特性进行分析。

（1）以天为单位的周期特性分析

以 2014 年 3 月 2 日重庆市某高速公路一固定监测器所获取的表征交通状态的参数在一天内的交通流式数据为对象,分别以速度、流量和占有率三者的交通时间序列为例,对以天为单位的交通流式数据的周期特性进行分析。

如图 2.1(a)和 2.1(c)所示,在不同的时间段,交通流量和占有率呈现不同的特性,并随时间的变化而变化。此外,流量和占有率在一天内的时间序列均出现了两个较大的高峰,分别表示早高峰和晚高峰。

如图 2.1(b)所示,平均速度的交通时间序列图却没有与图 2.1(a)和 2.1(c)表示出同样的特征。其原因在于,正常的道路交通状态中除受个体差异、交规等因素的影响外,速度的变化受时间因素的影响较小。

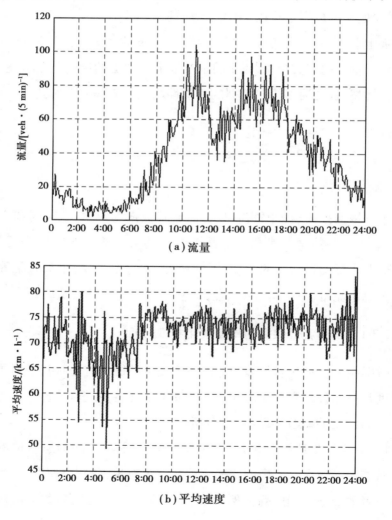

（a）流量

（b）平均速度

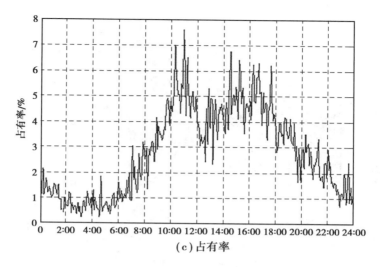

图 2.1　以天为单位的环比时间交通参数时间序列

（2）以周为单位的周期特性分析

以重庆市某高速公路 2014 年 4 月 7 日至 2014 年 5 月 4 日同一检测点每周特定日期（以周一为例）的交通流式数据为例,对同比时间交通流式数据的特性进行分析。选取的交通参数为平均速度、流量、占有率及平均车头时距。

在一定的时间尺度上,表征交通状态的参数之间表现出较强的相关性。如图 2.2 所示,第一周的表征周一交通状态的平均速度、流量、占有率及平均车头时距的交通时间序列均出现了较大的随机性。因此,反映交通状态的同一天的各参数之间依然保持着同样的变化趋势。此外,如图 2.2（a）所示,从不同周的同一天的以速度为对象的交通流式数据的演化规律可以看出,每周同一天的交通流式数据表现出较强的规律性,这种相似性被称为表征交通状态的交通流式数据的周相似性[125]。

图 2.3 为 2014 年 4 月 7 日至 2014 年 5 月 4 日重庆市某高速公路某一检测点的以周为间隔的各交通参数的环比时间序列,也可看作以周为单位的不同周的同比时间序列。通过图 2.3 可以看出,特定空间条件下,以周为间隔的交通流表征参数时间序列具有类似的变化规律,这也从另一方面说明了表征交通状态的交通流式数据的周相似性特征。

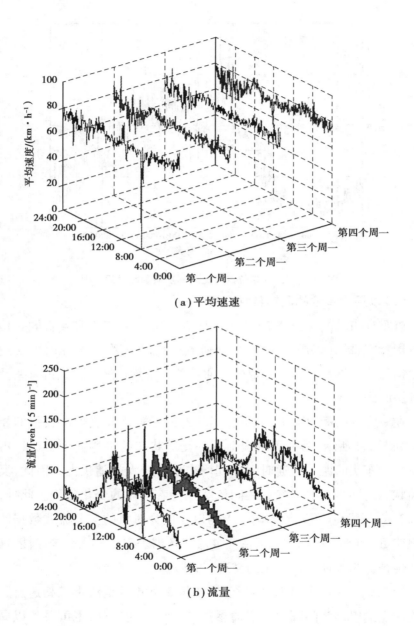

（a）平均速速

（b）流量

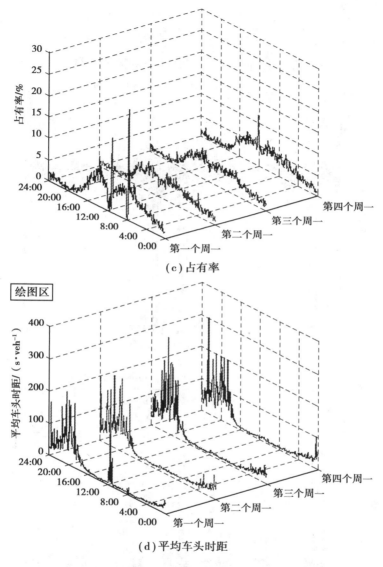

（c）占有率

（d）平均车头时距

图 2.2 　同比时间交通参数时间序列

　　为进一步说明交通流式数据随时间不断演化的特性，选取重庆市某高速公路的某一固定检测点所采集的 2014 年 5 月 12 日至 2014 年 5 月 25 日的速度、流量和占有率数据，基于欧式距离法将每周不同日期（周一、周二……）分类（分成 7 类，分别表示周一类、周二类……）。其中，类内（每周同一日期)的平均相似度是同一类内任意两天所有数据点距离的均值,类间(同一周不同日期)的平均相似度是不同类间的任意两天所有数据点距离的均值。平均距离越小,表示表征交通状态的流式数据的相似性越好。

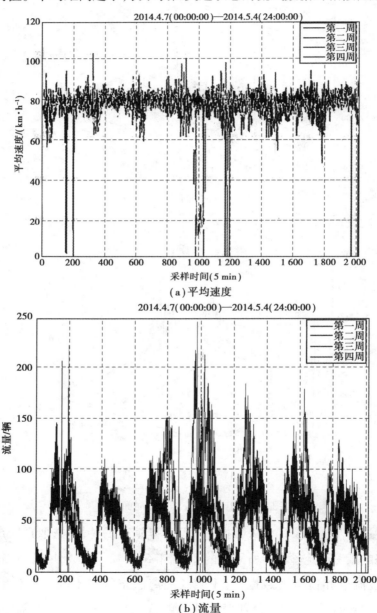

(a)平均速度

(b)流量

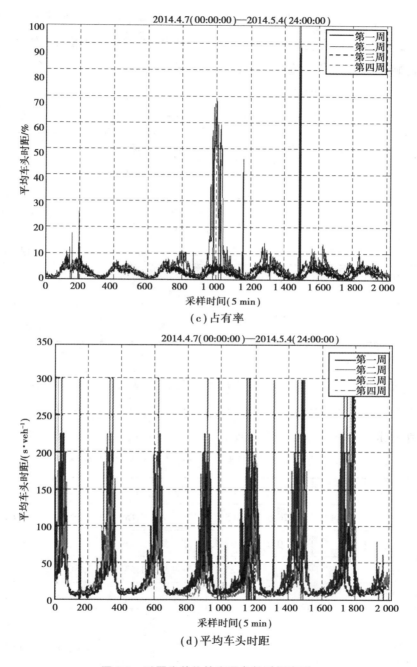

（c）占有率

（d）平均车头时距

图 2.3　以周为单位的交通参数时间序列

一般情况下,表征交通状态参数的速度的类间相似度小于类内相似度,见表 2.1。这说明不同周同一天的交通状态受特定因素的干扰对速度的影响较大,而同一周的类间相似度还是比较一致。此现象与如图 2.3(a)所示的速度周变化特性类似。

表 2.1　每周不同日期间固定检测点表征交通状态参数(速度)平均相似度

	周一	周二	周三	周四	周五	周六	周日
周一	1.829 5	0.661 5	0.661 2	0.661 7	0.670 5	0.643 8	0.662 3
周二		0.289 8	0.117 6	0.134 0	0.149 4	0.170 1	0.121 1
周三			0.342 0	0.118 8	0.144 1	0.175 8	0.142 2
周四				1.658 6	0.151 1	0.204 6	0.143 3
周五					0.716 2	0.184 7	0.165 2
周六						0.565 7	0.170 3
周日							0.723 9

从表 2.2、表 2.3 中可发现,类内的相似度明显高于类间的相似度,工作日与非工作日间的相似度明显降低。以上结果说明,每周不同工作日的交通流量和占有率具有较好的相似性,非工作日之间也具有类似的结果。

表 2.2　每周不同日期间固定检测点表征交通状态参数(流量)平均相似度

	周一	周二	周三	周四	周五	周六	周日
周一	0.744 0	1.976 6	1.905 1	1.816 7	2.159 7	2.789 5	2.529 1
周二		0.580 0	1.197 5	1.275 9	1.559 8	1.882 1	1.566 0
周三			0.625 4	1.062 9	1.532 1	2.093 2	1.680 8
周四				0.762 6	1.525 6	2.234 3	1.656 1
周五					0.578 8	2.155 9	1.905 3
周六						0.692 1	1.742 6
周日							0.751 8

表 2.3　每周不同日期间固定检测点表征交通状态参数（占有率）平均相似度

	周一	周二	周三	周四	周五	周六	周日
周一	0.065 2	0.895 7	0.890 3	0.870 0	0.897 8	0.884 2	0.896 7
周二		0.046 7	0.326 9	0.365 2	0.338 0	0.451 3	0.350 5
周三			0.154 0	0.322 6	0.325 2	0.412 5	0.312 2
周四				0.209 3	0.343 8	0.441 6	0.329 4
周五					0.246 9	0.468 6	0.324 5
周六						0.235 9	0.463 3
周日							0.173 9

通过以上分析可以发现,不同的交通流式数据虽然具有一定的随机波动性,但是,通过各种角度对表征交通状态的不同参数的流式数据分析可以发现,不同参数的流式数据在整体上保持较强的周期相似性。

2.3.2　交通流式数据的纵向传播特性分析

从 2.3.1 小节的分析可知,同一监测点不同时刻的交通流参数具有不同的分布特征。实际上,不同监测点的交通流参数或可能具有相似的特征。本节以重庆市某高速公路具有空间关联关系检测设备所采集的交通流式数据为对象进行分析。

表 2.4、表 2.5、表 2.6 为重庆市某高速公路具有上下游关系的两个检测器一天之内所采集到的速度、流量和占有率纵向空间分布统计结果,图 2.4、图 2.5、图 2.6 为上下游速度、流量和占有率的纵向空间正态曲线分布图。

表 2.4　上下游速度统计表/(km·h⁻¹)

断　面	均　值	标准差	最小值	最大值	全　距
上　游	76.328 5	4.143 1	56.638 7	90.654 3	34.015 6
下　游	76.537 8	4.796 9	56.378 9	95.584	39.205 1

注:全距=最大值-最小值。

表 2.5　上下游流量统计表/[veh·(5min)⁻¹]

断　面	均　值	标准差	最小值	最大值	全　距
上　游	60.295 1	42.627 1	0	221	221
下　游	42.392 4	26.999 1	3	107	104

注:全距=最大值-最小值。

表 2.6　上下游占有率统计表/%

断　面	均　值	标准差	最小值	最大值	全　距
上　游	2.897 6	1.671 5	0.168 0	7.007 8	6.839 8
下　游	2.924 2	1.683 1	0.232 4	6.968 8	6.736 4

注:全距=最大值-最小值。

　　由表 2.4 和图 2.4 可知,以速度为对象的纵向空间统计结果表现出较强的相似性。从表 2.5 和表 2.6 以及图 2.5 和图 2.6 可以看出,以流量、占有率为对象的纵向空间统计结果虽然表现出一定的差异性,但是,整体上却还是具有较强的相似性。

　　图 2.7 为具有上下游关系的两个断面之间的交通流式数据的分布,上下游速度、流量、占有率及平均车头时距的时间序列具有较强的相似性。

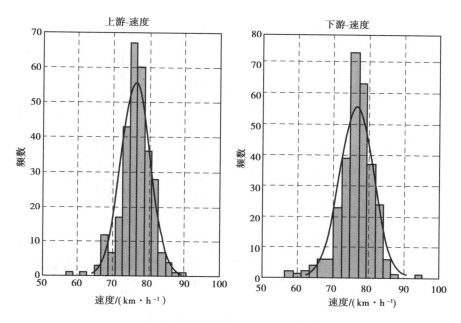

图 2.4　上下游速度正态分布图

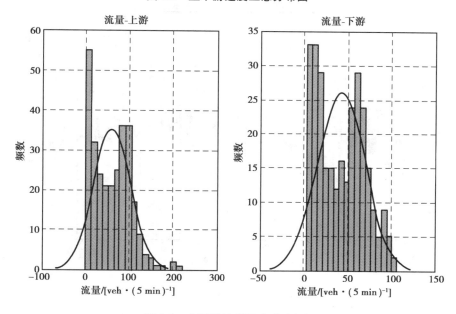

图 2.5　上下游流量正态分布图

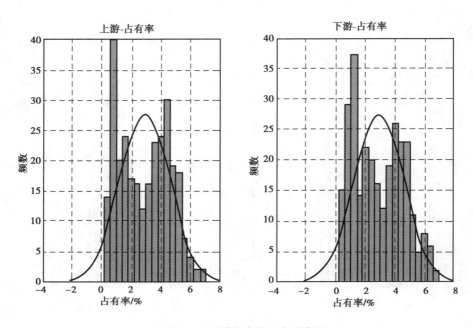

图 2.6　上下游占有率正态分布图

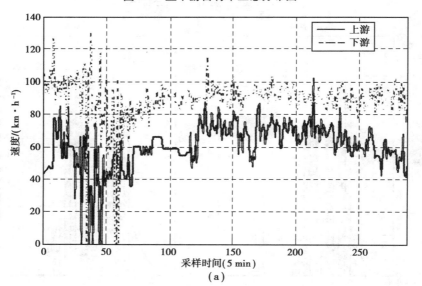

（a）

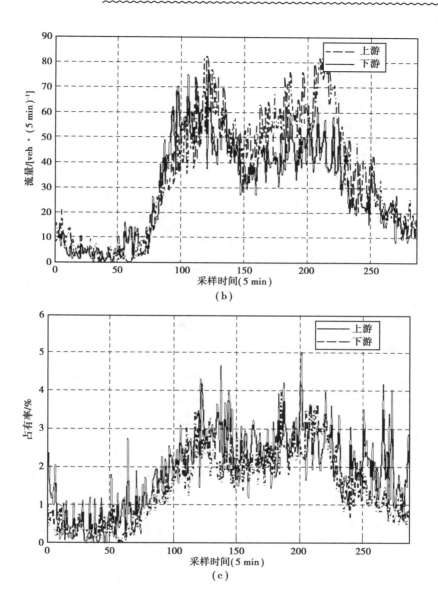

（b）

（c）

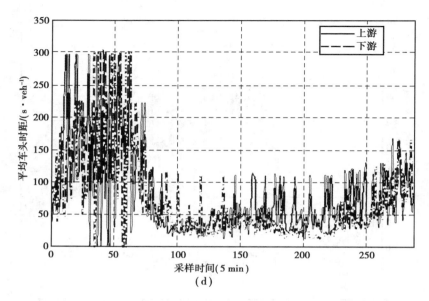

图 2.7　具有上下游关系的交通参数时间序列

一般情况下,由于交通流与流体力学具有类似的运行规律,交通状态的影响是由上至下传递,上游流量与下游流量间时间序列的变化规律仅相差 Δt 的时间间隔。但是,当下游观测点或下游路段出现较严重的交通拥挤,导致路段形成排队现象时,交通状态则可能由下至上回溯。

以上通过简单的统计分析方法对表征交通状态的流式数据的特性进行了分析。交通系统中表征交通状态的参数时间序列不仅具有以不同时间尺度为对象的周期特性,具有上下游关系的地点或路段的监控交通状态的各交通流式数据之间也具有一定的相关或相似性。实际上,不同检测设备从各个固定位置所获取的交通流式数据之间并不是完全独立的,相反,它们经常呈现出高度的时间相关性。2.3.3 小节将对多个检测器所获得的交通多流式数据的演化特性进行分析。

2.3.3　交通多流式数据的相似性演化特性分析

交通系统中的流式数据是随着时间变化的序列值或事件数据组成的序列,反映了属性值在时间顺序上的特征。以每个断面所采集的交通流

44

量数据为一个流式 ⋯　用户既需要分析多个断面的交通流量数据在某
个时间段的局部 ⋯ ⋯　⋯据局部关系的演化来发现全局的重要突
发事件,以获得 ⋯ ⋯　⋯的全面认识。

　　如图 2.8 ⋯　某高速公路 2014 年 5 月 12 日(00:00—
24:00)12 个断面 ⋯　量时间序列图,横坐标为采样时间,纵坐标为
交通流量统计量。通过图 2.8 可以看出,流式数据之间的耦合关系随时
间不断变化,多个断面之间的交通时间序列存在与时俱进的耦合关系
(即具有一致的变化趋势)。整个时间区间大致可以分为 6 个部分,分别
为 0:00—4:00,4:00—8:00,8:00—12:00,12:00—17:00,17:00—20:00,
20:00—24:00。以采样时间点 4:00 为例,12 条流式数据之间的耦合关系
比较一致。4:00—8:00,12 条流式数据之间的相似性关系发生了变化,
大致可以分为两类。

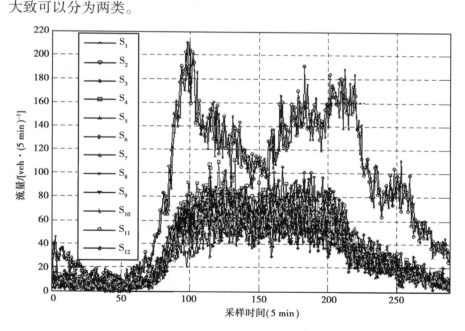

图 2.8　多个检测器的交通流量时间序列相似性关系变化

　　通过图 2.8 的分析可以发现,各监测设备所采集的流式数据之间的
变化趋势会随时间不断演化。

2.4　本章小结

本章首先对交通系统中表征交通状态的基本参数进行了描述,总结了基于 CPS 的交通流式数据的特点。其次,基于实测数据从不同的时间尺度分析了交通流式数据的周期演化特性,并从时空的角度分析了具有上下游关系的交通多流式数据的纵向空间传播特性。最后,分析了不同空间位置的感知设备所获取的交通流式数据之间的相似性演化特性。

为能够更加客观地认识交通物理系统的运行规律,充分发挥具有时空特性的广域多维的交通流式数据的作用,本书的后续工作将结合交通流式数据的特点,研究交通多流式数据的聚类分析方法和基于交通多流式数据聚类模型的演化趋势发现方法。

第3章
基于周期演化特性的交通多流式数据进化聚类算法

交通监控系统中,流式数据的数量极其庞大,可能存在成千上万个序列。实际上,由不同感知器从各个位置所获取的交通流式数据之间并不是完全独立的;相反,随时间不断演化的交通流式数据之间呈现出高度的相关性。因此,对于多流式数据的聚类或相似性分析有着更加广泛的应用价值和实际意义。

多流式数据的聚类分析是将具有相似性变化趋势的流式数据分为一类,有不同变化趋势的流式数据分为不同的类。可通过分析不同时刻交通多流式数据的类及类内成员的变化获悉交通物理系统的演化特性。因此,本章将结合交通流式数据的特点及其随时间的演化特性,对具有高维特征的交通多流式数据的聚类问题进行深入探索。

3.1 引　言

针对单条流式数据进行分析发现,为满足流式数据中某一时间窗口内的聚类需求,Aggarwal 等[126]提出 CluStream 框架。CluStream 框架能够适应流式数据的进化,对每个实时到达的数据元组及时处理,簇结构会随着流式数据的演化不断变化。为能够揭示流式数据之间的相似性和变化趋势的相关性,Aggarwal 等[114]提出了基于在线分析处理的多流式数据聚类框架。Beringer 等[110]利用 DFT 机制对多流式数据进行预处理,进而研究多条流式数据的聚类问题。Dai 等[127]提出了包括在线概要维护与离线生成聚类结果两部分的多数据流进化聚类框架 COD。COD 框架支持自适应窗口大小及不同窗口内的流式数据聚类情况的查询。为发现流式数据之间的关联关系,Dai 等[111]提出了多流式数据的在线聚类框架 COMET-CORE,同时提出类划分和合并算法对类内成员的变化进行更新和处理。

近年来,通过对谱聚类[104]、规范化割[128]、非负矩阵分解[101]等算法的研究表明,基于矩阵分解的聚类性能高于传统的如 k-means 方法等[129-130]。基于矩阵分解聚类的思想,处理多动态流式数据随时间不断演化的社团结构算法研究如文献[103-104,114,131]。Lin 等[103]针对动态社会网络数据的社团发现及演化问题,提出了 FacetNet 框架。基于低秩近似核矩阵分解和进化聚类的思想,Wang 等[99]提出了处理大规模数据的进化聚类框架 ECKF。

为避免单独一个维度聚类而忽略另一维度的相关信息,同时考虑样本属性和特征属性的联合聚类(Co-clustering)算法相继被提出[100,129,132-133]。Co-clustering 通过数据集的样本属性和特征属性即行与列同时聚类或者交替进行聚类,实现样本聚类和特征聚类的彼此约束,最终达到收敛。与传统的单边聚类算法相比,联合聚类不仅能够提高聚类的性能,还可揭示不同类型数据之间的关联关系。依据数据模型的差异,现有的联合聚类算法大致可以分为基于图论的联合聚类、基于信息论的联合聚类和基于矩阵分解的联合聚类[134]。此外,根据异构网络中同类型结点之间的关联关系以及不同类型结点之间的关联关系,Comar 等[135]基于矩阵分解的思想,提出了结合先验信息的多相关网络联合聚类框架。

为发现多流式数据之间的关联关系和随时间不断演化的特征,受启

发于 Co-clustering 以及基于矩阵分解聚类的思想,本章提出一种基于
NMF 的多流式数据进化聚类算法 EC-NMF。首先,EC-NMF 算法考虑聚
类对象的样本属性和特征属性的流形结构,基于 k-近邻的方法分别构建
两者的近邻图来反映它们各自的几何结构。其次,为了维持随时间变化
的一致的聚类结果,EC-NMF 算法嵌入了历史聚类结果的信息。最后,给
出算法 EC-NMF 的目标函数及各变量的更新公式,并从理论上对该算法
的正确性和收敛性进行证明。

3.2　相关工作

3.2.1　非负矩阵分解算法

1994 年,Paatero 和 Tapper[136]提出正矩阵分解的概念,因为该算法较
为复杂,该文并未引起学者们的广泛关注。1999 年,Lee 和 Seung[137]提出
了非负矩阵分解(Non-negative Matrix Factorization,NMF)算法的基本概
念,通过对非负矩阵进行非负因子分解得到数据的潜在特征,分别以欧氏
距离的平方和和最小化广义 Kullback-Leibler 散度为目标函数,并给出了
基于不同目标函数的两种算法的收敛性证明。2001 年,Seung 和 Lee[138]
给出了 NMF 的研究成果,乘性迭代算法有可能收敛到稳定点[139]。

给定一个数据矩阵 $X \in \mathbf{R}^{m \times n}$,NMF 算法的目的是把它分解为基因子
矩阵 $U \in \mathbf{R}^{m \times r}$ 与低维表示因子矩阵 $V \in \mathbf{R}^{n \times r}$ 乘积的形式

$$X \approx UV \tag{3.1}$$

其中,$U \in \mathbf{R}^{m \times r}$ 和 $V \in \mathbf{R}^{n \times r}$ 是非负因子。

如果假设 X_j 和 v_j 是矩阵 X 和 V 所对应的列向量,则式(3.1)又可写
为 $X_j = Uv_j$。其中,每一个 X_j 可看作非负矩阵 U 的列向量的线性组合,U
可看作为对数据矩阵 X 进行线性逼近的一组基,V 是样本集 X 在基 U 上
的非负投影系数。

一般情况下，r 的选取要满足 $(m+n)r \ll nm$，从而因子矩阵 $\boldsymbol{U}$ 和 $\boldsymbol{V}$ 的秩将会远小于原始矩阵 $\boldsymbol{X}$ 的秩。

Seung 和 Lee[138] 提出基于欧式距离平方的目标函数和基于广义 Kullback-Leibler 散度的目标函数来度量上式(3.1)逼近的程度。

（1）基于欧式距离平方的目标函数

$$J_{NMF} = \sum_{i=1}^{N} \sum_{j=1}^{M} \left[X_{ij} - (\boldsymbol{UV}^{\mathrm{T}})_{ij} \right]^2 = \| \boldsymbol{X} - \boldsymbol{UV}^{\mathrm{T}} \|_F^2$$
$$\text{s.t.}, \boldsymbol{U} \geqslant \boldsymbol{0}, \boldsymbol{V} \geqslant \boldsymbol{0} \tag{3.2}$$

其中，$\| \cdot \|_F$ 为 Frobenius 范式。

（2）基于广义 Kullback-Leibler 散度的目标函数

$$\widetilde{J}_{NMF} = \sum_{i=1}^{N} \sum_{j=1}^{M} \left[X_{ij} \log \frac{X_{ij}}{(\boldsymbol{UV}^{\mathrm{T}})_{ij}} - X_{ij} + (\boldsymbol{UV}^{\mathrm{T}})_{ij} \right]$$
$$\text{s.t.}, \boldsymbol{U} \geqslant \boldsymbol{0}, \boldsymbol{V} \geqslant \boldsymbol{0} \tag{3.3}$$

虽然目标函数(3.2)是关于任何其中一个变量 $\boldsymbol{U}$ 或 $\boldsymbol{V}$ 的凸函数，但同时对变量 $\boldsymbol{U}$ 和 $\boldsymbol{V}$ 来说却是非凸函数。因此，求解上述两个问题的全局最优解是不现实的。文献[137]给出的迭代规则在适当的条件下收敛到两个目标函数的稳定点。根据 Karush-Kuhn-Tuchker(KKT)最优性条件，$(\boldsymbol{U},\boldsymbol{V})$ 是问题(3.2)的稳定点当且仅当 $(\boldsymbol{U},\boldsymbol{V})$ 满足条件

$$\boldsymbol{U} \geqslant \boldsymbol{0}, \boldsymbol{V} \geqslant \boldsymbol{0}; \nabla_U J_{NMF} \geqslant 0, \nabla_V J_{NMF} \geqslant 0;$$
$$\boldsymbol{U} \odot \nabla_U J_{NMF} = 0, \boldsymbol{V} \odot \nabla_V J_{NMF} = 0 \tag{3.4}$$

其中，$\odot$ 表示 Hadamard 乘积。

针对目标函数(3.2)，Seung 和 Lee 给出了迭代规则

$$U_{ij} \leftarrow U_{ij} \frac{[\boldsymbol{XV}]_{ij}}{[\boldsymbol{UV}^{\mathrm{T}}V]_{ij}} \tag{3.5}$$

$$V_{ij} \leftarrow V_{ij} \frac{[\boldsymbol{X}^{\mathrm{T}}U]_{ij}}{[\boldsymbol{VU}^{\mathrm{T}}U]_{ij}} \tag{3.6}$$

上述迭代算法式(3.5)、式(3.6)可看作步长自学习的梯度下降算法，文献[138]证明了该更新规则每次迭代后目标函数值为非增的。这意味着在实际应用中只要根据规则重复迭代，算法一定会保证收敛到某个局部最优

解。然而,上述迭代算法式(3.5)和式(3.6)的收敛速度不尽如人意,投影梯度法[140]及分层交替非最小二乘法等更快速的算法被相继提出。

基于 NMF 的聚类算法结合了非约束的矩阵分解思路[100, 141],可获得基于部分的数据表示和潜在特征,分解形式与分解结果的可解释性以及存储空间小等特点,是一种有效的矩阵低秩逼近的方法。由于该分解方法可解释性强,且符合人们对客观世界的认知规律等优点,吸引了研究者们的广泛关注[101, 137-138, 142]。

注:本书主要关注基于欧式距离平方的目标函数的表达形式,有关Kullback-Leibler 散度目标函数的约束优化问题可通过 Frobenius 范式使用时的简单类比得到,文中将不再赘述。

3.2.2　图正则约束的非负矩阵分解

流形学习是将一组在高维空间中的数据在其潜在的低维空间流形中表示出来,其主要目的是期望寻找数据样本的内在规律性,即从所观测的现象中去寻找其本质特征。

Cai 等[130]将流形学习中的局部不变性用于约束 NMF,提出了 GNMF (Graph regularized Non-negative Matrix Factorization, GNMF)算法,GNMF算法的目标函数为

$$J_{GNMF} = \| X - UV^{\mathrm{T}} \|_F^2 + \lambda Tr(V^{\mathrm{T}}LV), \mathrm{s.t.}, U \geq 0, V \geq 0 \quad (3.7)$$

其中,$\lambda \geq 0$ 为正则化参数;L 为数据空间中所构建图的 Laplacian 矩阵,$L = D - W$;D 为对角矩阵, $D_{ii} = \sum_j W_{ij}$;W 为连接边的权重矩阵。

然而,最近的研究表明[129],不仅观测到的数据分布在一个低维子流形上,而且数据的特征也分布在一个低维子流形上。基于 Semi-NMTF[100] 的优势,Gu 等[129]提出了基于数据流形和特征流形相结合的双正则约束 Co-clustering 算法(Dual Regularized Co-Clustering, DRCC),该算法的目标函数为

$$J_{DRCC} = \| X - GSF^{\mathrm{T}} \|_F^2 + \lambda Tr(F^{\mathrm{T}}L_FF) + \mu Tr(G^{\mathrm{T}}L_GG),$$
$$\mathrm{s.t.}, G \geq 0, F \geq 0 \quad (3.8)$$

其中，λ，$\mu \geq 0$ 为正则化参数；矩阵 S 的元素符号可正可负；L_F 为数据图的 Laplacian 矩阵，$L_F = D^F - W^F$，反映的是数据标签的平滑性；L_G 为特征图的 Laplacian 矩阵，$L_G = D^G - W^G$，反映的是特征标签的平滑性。

3.3   基于周期特性的交通多流式数据进化聚类

为解决随时间不断演化的交通多流式数据的聚类问题，本章提出了一种基于图正则约束非负矩阵分解的进化聚类算法 EC-NMF。

3.3.1   问题描述

基于图论的观点，把 n-流式数据集合 $S^n = \{s_1, \cdots, s_n\}$ 中的每个流式数据 $s_i(i=1, \cdots, n)$ 都看作一个结点，将相似度作为两个结点间边的权重，度量两个流式数据在变化上的相关性。分别构建时间步 t 和 $t+1$ 时的无向图 $G^{(t)}$ 和 $G^{(t+1)}$，假设 $A^{(t)} \in \mathbf{R}_+^{m \times n}$ 和 $A^{(t+1)} \in \mathbf{R}_+^{m \times n}$ 分别为图 $G^{(t)}$ 和 $G^{(t+1)}$ 的邻接矩阵。其中，$\mathbf{R}_+$ 表示样本数据为非负实数的集合。

假设时间步 t 时各个感知结点所获取的数据用图 $G^{(t)} = (S^{(t)}, E^{(t)}, W^{(t)})$ 表示，$S^{(t)}$ 是数据点的集合，$E^{(t)}$ 是各个边的集合。每一个数据点 $s_i^{(t)}$ 代表一个实体，$E^{(t)}$ 包括任意两个数据点 $s_i^{(t)}$ 和 $s_j^{(t)}$ 之间边的集合，每一个带权边 $e_{ij}^{(t)}$ 表示感知结点 i 和 j 在时间步 t 时的交互，任意一条边的权重 $\rho_{ij}^{(t)}$ 代表了数据点 $s_i^{(t)}$ 和 $s_j^{(t)}$ 的相似度系数，结点之间的相似度计算如下：

$$\rho_{ij}^{(t)} = \exp\left(-\frac{\| s_i^{(t)} - s_j^{(t)} \|^2}{2\sigma^2}\right) \tag{3.9}$$

其中，σ 是尺度因子。

不失一般性，用邻接矩阵 $A^{(t)} \in \mathbf{R}^{m \times n}$ 表示 $G^{(t)} = (S^{(t)}, E^{(t)}, W^{(t)})$。$A^{(t)}(i,j)$ 是矩阵 $A^{(t)}$ 的第 i 行和第 j 列的元素，$A^{(t)}(:,j)$ 是矩阵 $A^{(t)}$ 的第 j 列的元素。$A^{(t)}$ 中每一行或每一列代表 $S^{(t)}$ 中一个数据结点。

时间步 t 时，通过 EC-NMF 算法对图的邻接矩阵进行划分，得到划分

的集合 $\{\Delta_i^{(t)}\}_{i=1}^k$，$\forall i \in \{1, \cdots, k\}$，$\Delta_i^{(t)}$ 满足以下条件：

① $\bigcup_{i=1}^k \Delta_i^{(t)} = \{s_1^{(t)}, s_2^{(t)}, \cdots, s_n^{(t)}\}$。

② $\bigcap_{i=1}^k \Delta_i^{(t)} = \varnothing$。

其中，簇 $\Delta_i^{(t)} = \{s_1^{(t)}, \cdots, s_{|\Delta_i^{(t)}|}^{(t)}\}$ 是一系列相似的流式数据的集合；$|\Delta_i^{(t)}|$ 是 $\Delta_i^{(t)}$ 中流式数据的数量；$\forall s_i^{(t)}, s_j^{(t)} \in S^{(t)}$ 的相似度取决于 $\rho_{ij}^{(t)}$。

3.3.2 基于周期特性的交通多流式数据聚类建模

为描述交通多流式数据聚类中数据样本与特征属性的几何结构信息，分别用两个近邻图来刻画两者的几何结构。

（1）**数据图构建**

首先，以数据集 $\{X_{:,1}, \cdots, X_{:,N}\}$ 作图的顶点集合为数据集，基于 k-近邻的方法构建数据图。本章选取 0-1 加权图的方式构建数据图。基于 k-近邻构建方法的数据图权重矩阵如定义 3.1 所述。

定义 3.1 数据图的权重矩阵定义为

$$[W^V]_{ij} = \begin{cases} 1 & 若 X_{:,j} \in N(X_{:,i}) \\ 0 & 其他 \end{cases} \qquad i,j = 1, \cdots, N$$

其中，$N(X_{:,i})$ 为数据 $X_{:,i}$ 的 k-近邻集合。

该数据图的 Laplacian 矩阵为 $L_V = D^V - W^V$，其中 D^V 为对角度矩阵，即 $[D^V]_{ii} = \sum_j [W^V]_{ij}$。令 $V = [v_1^T, \cdots, v_N^T]^T \in \mathbf{R}^{N \times R}$ 为待求的低维数据表示，则该数据标签的平滑度计算为

$$S_1 = \frac{1}{2} \sum_{i,j=1}^N \| v_i - v_j \|^2 W^V = \sum_{i=1}^N v_i v_i^T D_{ii}^V - \sum_{i,j=1}^N v_i v_j^T W_{ij}^V$$
$$= Tr(V^T D^V V) - Tr(V^T W^V V) = Tr(V^T L_V V) \qquad (3.10)$$

（2）**特征图构建**

类似地，继续用 0-1 加权方式构建基于 k-近邻的特征图，其中图的顶点集合为特征集。基于 k-近邻图的特征图权重矩阵如定义 3.2 所述。

定义 3.2 特征图的权重矩阵定义为

$$\left[\boldsymbol{W}^{U} \right]_{ij} = \begin{cases} 1 & \text{若 } X_{j,:}^{\mathrm{T}} \in N(X_{j,:}^{\mathrm{T}}) \\ 0 & \text{其他} \end{cases} \qquad i,j = 1,\cdots,M$$

此外,特征图的拉普拉斯矩阵为 $\boldsymbol{L}_U = \boldsymbol{D}^U - \boldsymbol{W}^U$。令 $\boldsymbol{U} = \left[u_1^{\mathrm{T}}, \cdots, u_M^{\mathrm{T}} \right]^{\mathrm{T}} \in R^{M \times R}$ 为待求的基字典,则该基字典的平滑度计算为

$$S_2 = \frac{1}{2} \sum_{i,j=1}^{N} \| u_i - u_j \|^2 \boldsymbol{W}^U = \sum_{i=1}^{M} u_i u_i^{\mathrm{T}} D_{ii}^U - \sum_{i,j=1}^{M} u_i u_j^{\mathrm{T}} W_{ij}^U \qquad (3.11)$$
$$= Tr(\boldsymbol{U}^{\mathrm{T}} \boldsymbol{D}^U \boldsymbol{U}) - Tr(\boldsymbol{U}^{\mathrm{T}} \boldsymbol{W}^U \boldsymbol{U}) = Tr(\boldsymbol{U}^{\mathrm{T}} \boldsymbol{L}_U \boldsymbol{U})$$

基于上述分析,考虑先验信息,结合数据样本和特性属性几何结构信息的交通多流式数据进化聚类算法 EC-NMF 的目标函数为

$$J = \alpha \| \boldsymbol{A}^{(t+1)} - \boldsymbol{C}^{(t+1)} \boldsymbol{U}^{(t+1)} (\boldsymbol{R}^{(t+1)\mathrm{T}}) \|_F^2 + (1-\alpha) \| \boldsymbol{A}^{(t)} - \boldsymbol{C}^{(t)} \boldsymbol{U}^{(t)} (\boldsymbol{R}^{(t+1)\mathrm{T}}) \| +$$
$$\lambda Tr \left[(\boldsymbol{C}^{(t+1)\mathrm{T}}) \boldsymbol{L}_{C^{(t+1)}} \boldsymbol{C}^{(t+1)} \right] + \mu Tr \left[(\boldsymbol{R}^{(t+1)\mathrm{T}}) \boldsymbol{L}_{R^{(t+1)}} \boldsymbol{R}^{(t+1)} \right]$$
$$\text{s.t.} \boldsymbol{C}^{(t+1)} \geq 0, \boldsymbol{U}^{(t+1)} \geq 0, \boldsymbol{R}^{(t+1)} \geq 0, \boldsymbol{C}^{(t)} \geq 0, \boldsymbol{U}^{(t)} \geq 0 \qquad (3.12)$$

其中,α 为用户定义的权重系数,用于平衡当前时间步的结果和历史结果;$\lambda, \mu \geq 0$ 为正则化参数;$\boldsymbol{R}^{(t+1)} \in \boldsymbol{R}_+^{n \times k}$ 为图 $G^{(t+1)}$ 聚类成员矩阵,$\boldsymbol{U}^{(t+1)}$ 和 $\boldsymbol{U}^{(t)}$ 为权重矩阵,$\boldsymbol{C}^{(t+1)}$ 和 $\boldsymbol{C}^{(t)}$ 分别为 $\boldsymbol{A}^{(t+1)}$ 和 $\boldsymbol{A}^{(t)}$ 的列表示矩阵;$\boldsymbol{L}_{R^{(t+1)}} = \boldsymbol{D}^{R^{(t+1)}} - \boldsymbol{W}^{R^{(t+1)}}$ 为数据图的 Laplacian 矩阵,$\boldsymbol{L}_{C^{(t+1)}} = \boldsymbol{D}^{C^{(t+1)}} - \boldsymbol{W}^{C^{(t+1)}}$ 为特征图的 Laplacian 矩阵。

此外,假设在 $t+1$ 和 t 时,聚类成员数分别为 $k^{(t+1)}$ 和 $k^{(t)}$。如果 $k^{(t)} < k^{(t+1)}$,则 $\boldsymbol{U}^{(t)} = \left[\boldsymbol{U}^{(t)}, \boldsymbol{0}_{c \times (k^{(t)}+1:k^{(t)})} \right]$;如果 $k^{(t)} > k^{(t+1)}$,则删除 $\boldsymbol{U}^{(t)}$ 中多余的聚类向量。

3.3.3　迭代更新

由于目标函数(3.12)是关于变量 $\boldsymbol{C}^{(t+1)}$,$\boldsymbol{U}^{(t+1)}$ 和 $\boldsymbol{R}^{(t+1)}$ 的非凸函数,因此,求其全局最优解是不现实的。本节借鉴 Lee 等[137]提出的方法,分别给出三因子矩阵的更新公式,即固定其中两个变量,最小化剩余变量,采用交替迭代的方式得到该问题的稳定或局部极值点。

由矩阵的两个性质:$Tr(\boldsymbol{AB}) = Tr(\boldsymbol{BA})$ 和 $Tr(\boldsymbol{A}^{\mathrm{T}}) = Tr(\boldsymbol{A})$,EC-NMF 的目标函数(3.12)可重写为

$$
\begin{aligned}
J =\ & \alpha Tr\{[\boldsymbol{A}^{(t+1)} - \boldsymbol{C}^{(t+1)}\boldsymbol{U}^{(t+1)}(\boldsymbol{R}^{(t+1)})^{\mathrm{T}}][\boldsymbol{A}^{(t+1)} - \boldsymbol{C}^{(t+1)}\boldsymbol{U}^{(t+1)}(\boldsymbol{R}^{(t+1)\mathrm{T}}]^{\mathrm{T}}\} + \\
& (1-\alpha)\{[\boldsymbol{A}^{(t)} - \boldsymbol{C}^{(t)}\boldsymbol{U}^{(t)}(\boldsymbol{R}^{(t+1)})^{\mathrm{T}}]^{\mathrm{T}}[\boldsymbol{A}^{(t)} - \boldsymbol{C}^{(t)}\boldsymbol{U}^{(t)}(\boldsymbol{R}^{(t+1)})^{\mathrm{T}}]^{\mathrm{T}}\} + \\
& \lambda Tr[(\boldsymbol{C}^{(t+1)})^{\mathrm{T}}\boldsymbol{L}_{\boldsymbol{C}^{(t+1)}}\boldsymbol{C}^{(t+1)}] + \mu Tr[(\boldsymbol{R}^{(t+1)})^{\mathrm{T}}\boldsymbol{L}_{\boldsymbol{R}^{(t+1)}}\boldsymbol{R}^{(t+1)}] \\
=\ & \alpha\{Tr[\boldsymbol{A}^{(t+1)}(\boldsymbol{A}^{(t+1)})^{\mathrm{T}}] - 2Tr[\boldsymbol{A}^{(t+1)}\boldsymbol{R}^{(t+1)}(\boldsymbol{U}^{(t+1)})^{\mathrm{T}}(\boldsymbol{C}^{(t+1)})^{\mathrm{T}}] + \\
& Tr[\boldsymbol{C}^{(t+1)}\boldsymbol{U}^{(t+1)}(\boldsymbol{R}^{(t+1)})^{\mathrm{T}}\boldsymbol{R}^{(t+1)}(\boldsymbol{U}^{(t+1)})^{\mathrm{T}}(\boldsymbol{C}^{(t+1)})^{\mathrm{T}}]\} + \\
& (1-\alpha)\{Tr[\boldsymbol{A}^{(t)}(\boldsymbol{A}^{(t)})^{\mathrm{T}}] - 2Tr[\boldsymbol{A}^{(t)}\boldsymbol{R}^{(t+1)}(\boldsymbol{U}^{(t)})^{\mathrm{T}}(\boldsymbol{C}^{(t)})^{\mathrm{T}}]\} + \\
& Tr[\boldsymbol{C}^{(t)}\boldsymbol{U}^{(t)}(\boldsymbol{R}^{(t+1)})^{\mathrm{T}}\boldsymbol{R}^{(t+1)}(\boldsymbol{U}^{(t)})^{\mathrm{T}}(\boldsymbol{C}^{(t)})^{\mathrm{T}}]\} + \\
& \lambda Tr[(\boldsymbol{C}^{(t+1)})^{\mathrm{T}}\boldsymbol{L}_{\boldsymbol{C}^{(t+1)}}\boldsymbol{C}^{(t+1)}] + \mu Tr[(\boldsymbol{R}^{(t+1)})^{\mathrm{T}}\boldsymbol{L}_{\boldsymbol{R}^{(t+1)}}\boldsymbol{R}^{(t+1)}] \qquad (3.13)
\end{aligned}
$$

令 ψ_{ij}，ξ_{kj} 和 ζ_{jl} 分别为约束 $C_{ij}^{(t+1)} \geqslant 0$，$R_{kj}^{(t+1)} \geqslant 0$ 和 $U_{jl}^{(t+1)} \geqslant 0$ 对应的 Lagrange 乘子，则目标函数（3.12）的 Lagrange 函数 L 可写为

$$
\begin{aligned}
L =\ & \alpha\{Tr[\boldsymbol{A}^{(t+1)}(\boldsymbol{A}^{(t+1)})^{\mathrm{T}}] - 2Tr[\boldsymbol{A}^{(t+1)}\boldsymbol{R}^{(t+1)}(\boldsymbol{U}^{(t+1)})^{\mathrm{T}}(\boldsymbol{C}^{(t+1)})^{\mathrm{T}}] + \\
& Tr[\boldsymbol{C}^{(t+1)}\boldsymbol{U}^{(t+1)}(\boldsymbol{R}^{(t+1)})^{\mathrm{T}}\boldsymbol{R}^{(t+1)}(\boldsymbol{U}^{(t+1)})^{\mathrm{T}}(\boldsymbol{C}^{(t+1)})^{\mathrm{T}}]\} + \\
& (1-\alpha)\{Tr[\boldsymbol{A}^{(t)}(\boldsymbol{A}^{(t)})^{\mathrm{T}}] - 2Tr[\boldsymbol{A}^{(t)}\boldsymbol{R}^{(t+1)}(\boldsymbol{U}^{(t)})^{\mathrm{T}}(\boldsymbol{C}^{(t)})^{\mathrm{T}}] + \\
& Tr[\boldsymbol{C}^{(t)}\boldsymbol{U}^{(t)}(\boldsymbol{R}^{(t+1)})^{\mathrm{T}}\boldsymbol{R}^{(t+1)}(\boldsymbol{U}^{(t)})^{\mathrm{T}}(\boldsymbol{C}^{(t)})^{\mathrm{T}}]\} + \\
& \lambda Tr[(\boldsymbol{C}^{(t+1)})^{\mathrm{T}}\boldsymbol{L}_{\boldsymbol{C}^{(t+1)}}\boldsymbol{C}^{(t+1)}] + \mu Tr[(\boldsymbol{R}^{(t+1)})^{\mathrm{T}}\boldsymbol{L}_{\boldsymbol{R}^{(t+1)}}\boldsymbol{R}^{(t+1)}] + \\
& Tr[\psi(\boldsymbol{C}^{(t+1)})^{\mathrm{T}}] + Tr[\xi(\boldsymbol{R}^{(t+1)})^{\mathrm{T}}] + Tr[\zeta(\boldsymbol{U}^{(t+1)})^{\mathrm{T}}] \qquad (3.14)
\end{aligned}
$$

（1）更新变量 $\boldsymbol{U}^{(t+1)}$

对上述 Lagrange 函数 L 关于 $\boldsymbol{U}^{(t+1)}$ 求导可得

$$
\begin{aligned}
\frac{\partial L}{\partial \boldsymbol{U}^{(t+1)}} =\ & -2\alpha[(\boldsymbol{C}^{(t+1)})^{\mathrm{T}}\boldsymbol{A}^{(t+1)}\boldsymbol{R}^{(t+1)} - \\
& (\boldsymbol{C}^{(t+1)})^{\mathrm{T}}\boldsymbol{C}^{(t+1)}\boldsymbol{U}^{(t+1)}(\boldsymbol{R}^{(t+1)})^{\mathrm{T}}\boldsymbol{R}^{(t+1)}] + \zeta
\end{aligned} \qquad (3.15)
$$

由 KKT 最优性条件 $\zeta_{jl}U_{jl}^{(t+1)} = 0$，可得

$$
[-(\boldsymbol{C}^{(t+1)})^{\mathrm{T}}\boldsymbol{A}^{(t+1)}\boldsymbol{R}^{(t+1)} + (\boldsymbol{C}^{(t+1)})^{\mathrm{T}}\boldsymbol{C}^{(t+1)}\boldsymbol{U}^{(t+1)}(\boldsymbol{R}^{(t+1)})^{\mathrm{T}}\boldsymbol{R}^{(t+1)}]_{jl}U_{jl}^{(t+1)} = 0
$$
$$
(3.16)
$$

根据式（3.16），可得变量 $\boldsymbol{U}^{(t+1)}$ 的更新公式为

$$
U_{jl}^{(t+1)} \leftarrow U_{jl}^{(t+1)} \frac{[(\boldsymbol{C}^{(t+1)})^{\mathrm{T}}\boldsymbol{A}^{(t+1)}\boldsymbol{R}^{(t+1)}]_{jl}}{[(\boldsymbol{C}^{(t+1)})^{\mathrm{T}}\boldsymbol{C}^{(t+1)}\boldsymbol{U}^{(t+1)}(\boldsymbol{R}^{(t+1)})^{\mathrm{T}}\boldsymbol{R}^{(t+1)}]_{jl}} \qquad (3.17)
$$

（2）**更新变量 $C^{(t+1)}$**

对上述 Lagrange 函数 L 关于 $C^{(t+1)}$ 进行求导

$$\frac{\partial L}{\partial C^{(t+1)}} = -2\alpha \big[A^{(t+1)} R^{(t+1)} (U^{(t+1)})^{\mathrm{T}} - $$

$$C^{(t+1)} U^{(t+1)} (R^{(t+1)})^{\mathrm{T}} R^{(t+1)} (U^{(t+1)})^{\mathrm{T}} \big] + 2\lambda L_{C^{(t+1)}} C^{(t+1)} + \psi$$

$$(3.18)$$

由 KKT 最优性条件 $\psi_{ij} C_{ij}^{(t+1)} = 0$，可得

$$\big[-\alpha A^{(t+1)} R^{(t+1)} (U^{(t+1)})^{\mathrm{T}} + \alpha C^{(t+1)} U^{(t+1)} (R^{(t+1)})^{\mathrm{T}} R^{(t+1)} (U^{(t+1)})^{\mathrm{T}} +$$

$$\lambda L_{C^{(t+1)}} C^{(t+1)} \big]_{ij} C_{ij} = 0 \qquad (3.19)$$

又由 $L_{C^{(t+1)}} = D^{C^{(t+1)}} - W^{C^{(t+1)}}$，且 $D^{C^{(t+1)}}$ 和 $W^{C^{(t+1)}}$ 的元素均为非负值。式（3.19）可重写为

$$\big[-\alpha A^{(t+1)} R^{(t+1)} (U^{(t+1)})^{\mathrm{T}} + \alpha C^{(t+1)} U^{(t+1)} (R^{(t+1)})^{\mathrm{T}} R^{(t+1)} (U^{(t+1)})^{\mathrm{T}} +$$

$$\lambda D^{C^{(t+1)}} C^{(t+1)} - \lambda W^{C^{(t+1)}} C^{(t+1)} \big]_{ij} C_{ij}^{(t+1)} = 0 \qquad (3.20)$$

根据式（3.20），可得变量 $C^{(t+1)}$ 的更新公式为

$$C_{ij}^{(t+1)} \leftarrow C_{ij}^{(t+1)} \frac{\big[\alpha A^{(t+1)} R^{(t+1)} (U^{(t+1)})^{\mathrm{T}} + \lambda W^{C^{(t+1)}} C^{(t+1)} \big]_{ij}}{\big[\alpha C^{(t+1)} U^{(t+1)} (R^{(t+1)})^{\mathrm{T}} R^{(t+1)} (U^{(t+1)})^{\mathrm{T}} + \lambda D^{C^{(t+1)}} C^{(t+1)} \big]_{ij}}$$

$$(3.21)$$

（3）**更新变量 $R^{(t+1)}$**

对上述 Lagrange 函数 L 关于 $R^{(t+1)}$ 进行求导

$$\frac{\partial L}{\partial R^{(t+1)}} = -2\alpha \big[(A^{(t+1)})^{\mathrm{T}} C^{(t+1)} U^{(t+1)} - $$

$$R^{(t+1)} (U^{(t+1)})^{\mathrm{T}} (C^{(t+1)})^{\mathrm{T}} C^{(t+1)} U^{(t+1)} \big] -$$

$$2(1-\alpha) \big[(A^{(t)})^{\mathrm{T}} C^{(t)} U^{(t)} - R^{(t+1)} (U^{(t)})^{\mathrm{T}} (C^{(t)})^{\mathrm{T}} C^{(t)} U^{(t)} \big] +$$

$$2\mu L_{R^{(t+1)}} R^{(t+1)} + \xi \qquad (3.22)$$

由 KKT 最优性条件 $\xi_{kj} R_{kj}^{(t+1)} = 0$，可得

$$\big[-\alpha \big[(A^{(t+1)})^{\mathrm{T}} C^{(t+1)} U^{(t+1)} - R^{(t+1)} (U^{(t+1)})^{\mathrm{T}} (C^{(t+1)})^{\mathrm{T}} C^{(t+1)} U^{(t+1)} \big] -$$

$$(1-\alpha) \big[(A^{(t)})^{\mathrm{T}} C^{(t)} U^{(t)} - R^{(t+1)} (U^{(t)})^{\mathrm{T}} (C^{(t)})^{\mathrm{T}} C^{(t)} U^{(t)} \big] + \qquad (3.23)$$

$$\mu L_{R^{(t+1)}} R^{(t+1)} \big]_{kj} R_{kj}^{(t+1)} = 0$$

又由 $L_{R^{(t+1)}} = D^{R^{(t+1)}} - W^{R^{(t+1)}}$，且 $D^{R^{(t+1)}}$ 和 $W^{R^{(t+1)}}$ 的元素均为非负值，式(3.23)可重写为

$$\{-\alpha[(A^{(t+1)})^{\mathrm{T}} C^{(t+1)} U^{(t+1)} - R^{(t+1)}(U^{(t+1)})^{\mathrm{T}}(C^{(t+1)})^{\mathrm{T}} C^{(t+1)} U^{(t+1)}] -$$
$$(1-\alpha)[(A^{(t)})^{\mathrm{T}} C^{(t)} U^{(t)} - R^{(t+1)}(U^{(t)})^{\mathrm{T}}(C^{(t)})^{\mathrm{T}} C^{(t)} U^{(t)}] + \qquad (3.24)$$
$$\mu D^{R^{(t+1)}} R^{(t+1)} - \mu W^{R^{(t+1)}} R^{(t+1)}\}_{kj} R_{kj}^{(t+1)} = 0$$

根据式(3.24)，可得变量 $R^{(t+1)}$ 更新公式为

$$R_{kj}^{(t+1)} \leftarrow R_{kj}^{(t+1)}$$

$$\frac{[\alpha(A^{(t+1)})^{\mathrm{T}} C^{(t+1)} U^{(t+1)} + (1-\alpha)(A^{(t)})^{\mathrm{T}} C^{(t)} U^{(t)} + \mu W^{R^{(t+1)}} R^{(t+1)}]_{kj}}{[\alpha R^{(t+1)}(U^{(t+1)})^{\mathrm{T}}(C^{(t+1)})^{\mathrm{T}} C^{(t+1)} U^{(t+1)} + (1-\alpha)R^{(t+1)}(U^{(t)})^{\mathrm{T}}(C^{(t)})^{\mathrm{T}} C^{(t)} U^{(t)} + \mu D^{R^{(t+1)}} R^{(t+1)}]_{kj}}$$
$$(3.25)$$

本章的 3.4.2 小节将给出变量 $U^{(t+1)}$，$C^{(t+1)}$ 和 $R^{(t+1)}$ 的更新规则的收敛性分析及相关证明。

3.4　算法描述及其分析

3.4.1　EC-NMF 算法描述

给定输入矩阵 $A^{(t+1)}$，$A^{(t)}$，$C^{(t)}$ 和 $U^{(t)}$，以及第 $t+1$ 时间步时的聚类数 $k^{(t+1)}$，正则化参数 λ，μ，以及最大的迭代次数 T，聚类算法 EC-NMF 的详细描述见表 3.1。

表 3.1　EC-NMF 算法的伪代码描述

EC-NMF 算法
输入:矩阵 $A^{(t+1)}$，$A^{(t)}$，$C^{(t)}$ 和 $U^{(t)}$，聚类数目 $k^{(t+1)}$，正则化参数 λ，μ，最大迭代次数 T
输出:矩阵 $R^{(t+1)}$，$U^{(t+1)}$ 和 $C^{(t+1)}$
①初始化 $k^{(t+1)}$

续表

EC-NMF 算法
②使用 $\boldsymbol{R}^{(t)}$ 和 $\boldsymbol{U}^{(t)}$ 对 $\boldsymbol{R}^{(t+1)}$ 和 $\boldsymbol{U}^{(t+1)}$ 进行初始化
③需要一个新的划分
专⑤
④else
$\boldsymbol{R}^{(t+1)} = \boldsymbol{R}^{(t)}$ 和 $\boldsymbol{U}^{(t+1)} = \boldsymbol{U}^{(t)}$,并返回
⑤while $t \leqslant T$ 并且不做收敛,do
1)根据式(3.17)更新 $\boldsymbol{U}^{(t+1)}$
2)根据式(3.21)更新 $\boldsymbol{C}^{(t+1)}$
3)根据式(3.25)更新 $\boldsymbol{R}^{(t+1)}$
⑥end while
⑦返回 $\boldsymbol{U}^{(t+1)}$, $\boldsymbol{C}^{(t+1)}$ 和 $\boldsymbol{R}^{(t+1)}$

为了提高算法的聚类性能,利用上一时间的聚类结果对变量 $\boldsymbol{R}^{(t+1)}$ 和 $\boldsymbol{U}^{(t+1)}$ 进行初始化。如果需要一个新的划分,则使用更新规则式(3.17)、式(3.21)和式(3.25)直到收敛或达到最大的迭代次数,得到新的 $\boldsymbol{U}^{(t+1)}$, $\boldsymbol{C}^{(t+1)}$ 和 $\boldsymbol{R}^{(t+1)}$。算法 EC-NMF 的收敛性和正确性将于 3.4.2 小节进行理论分析。

3.4.2 收敛性分析

为分析 EC-NMF 算法的更新规则式(3.17)、式(3.21)、式(3.25)的收敛性,本节首先给出以下定理:

定理 3.1 对于给定的数据矩阵 $\boldsymbol{A}^{(t+1)}$ 及任意的初始值 $\boldsymbol{C}^{(t+1)}$, $\boldsymbol{U}^{(t+1)}$, $\boldsymbol{R}^{(t+1)} \geqslant \boldsymbol{0}$,本章所提出的交替迭代更新规则式(3.17)、式(3.21)、式(3.25)可使得目标函数式(3.12)的值单调下降。

为证明定理 3.1,需要证明目标函数式(3.12)在提出的交替更新规则式(3.17)、式(3.21)和式(3.25)下为单调下降的。

因为只有目标函数(3.12)中的第一项与 $\boldsymbol{U}^{(t+1)}$ 有关,所以关于更新式(3.17)是单调下降的证明可参考文献[100]中的收敛性分析方法。具体证明过程参见文献[100]。下面将给出更新规则式(3.25)的收敛性分析。

定义 3.3　当满足条件: $Z(u,u') \geqslant J(u)$ 和 $Z(u,u) = J(u)$ 时, $Z(u, u')$ 为 $J(u)$ 的一个辅助函数。

引理 3.1　若 Z 为 J 的辅助函数,则函数 J 在下面的更新式下为单调下降的,即

$$u^{t+1} = \arg \min_u Z(u, u^t) \tag{3.26}$$

证明　$J(u^{t+1}) \leqslant Z(u^{t+1}, u^t) \leqslant Z(u^t, u^t) = J(u^t)$

有待进一步说明的是,求解变量 $\boldsymbol{R}^{(t+1)}$ 的更新式(3.25),即等价于拥有合适辅助函数的更新式(3.26)。令

$$\begin{aligned}
J(\boldsymbol{R}^{(t+1)}) = {} & \alpha \| \boldsymbol{A}^{(t+1)} - \boldsymbol{C}^{(t+1)} \boldsymbol{U}^{(t+1)} (\boldsymbol{R}^{(t+1)})^{\mathrm{T}} \|_F^2 + \\
& (1-\alpha) \| \boldsymbol{A}^{(t)} - \boldsymbol{C}^{(t)} \boldsymbol{U}^{(t)} (\boldsymbol{R}^{(t+1)})^{\mathrm{T}} \| + \\
& \mu Tr[(\boldsymbol{R}^{(t+1)})^{\mathrm{T}} \boldsymbol{L}_{\boldsymbol{R}^{(t+1)}} \boldsymbol{R}^{(t+1)}]
\end{aligned} \tag{3.27}$$

鉴于算法是通过元素进行运算,由式(3.27)可得

$$\begin{aligned}
J(\boldsymbol{R}^{(t+1)})'_{kj} = {} & \left[\frac{\partial J(\boldsymbol{R}^{(t+1)})}{\partial \boldsymbol{R}^{(t+1)}} \right]_{kj} \\
= {} & \{ -2\alpha [(\boldsymbol{A}^{(t+1)})^{\mathrm{T}} \boldsymbol{C}^{(t+1)} \boldsymbol{U}^{(t+1)} - \\
& \boldsymbol{R}^{(t+1)} (\boldsymbol{U}^{(t+1)})^{\mathrm{T}} (\boldsymbol{C}^{(t+1)})^{\mathrm{T}} \boldsymbol{C}^{(t+1)} \boldsymbol{U}^{(t+1)}] - \\
& 2(1-\alpha) [(\boldsymbol{A}^{(t)})^{\mathrm{T}} \boldsymbol{C}^{(t)} \boldsymbol{U}^{(t)} - \boldsymbol{R}^{(t+1)} (\boldsymbol{U}^{(t)})^{\mathrm{T}} (\boldsymbol{C}^{(t)})^{\mathrm{T}} \boldsymbol{C}^{(t)} \boldsymbol{U}^{(t)}] + \\
& 2\mu \boldsymbol{L}_{\boldsymbol{R}^{(t+1)}} \boldsymbol{R}^{(t+1)} \}_{kj}
\end{aligned}$$

和

$$\begin{aligned}
J(\boldsymbol{R}^{(t+1)})''_{kj} = {} & [2\alpha (\boldsymbol{U}^{(t+1)})^{\mathrm{T}} (\boldsymbol{C}^{(t+1)})^{\mathrm{T}} \boldsymbol{C}^{(t+1)} \boldsymbol{U}^{(t+1)} + \\
& 2(1-\alpha) (\boldsymbol{U}^{(t)})^{\mathrm{T}} (\boldsymbol{C}^{(t)})^{\mathrm{T}} \boldsymbol{C}^{(t)} \boldsymbol{U}^{(t)} + 2\mu \boldsymbol{L}_{\boldsymbol{R}^{(t+1)}}]_{kj}
\end{aligned}$$

引理 3.2　下面函数

$$Z(\boldsymbol{R}_{kj}^{(t+1)}, \boldsymbol{R}_{kj}^{(t+1)'}) = J_{kj}(\boldsymbol{R}_{kj}^{(t+1)'}) + J'_{kj}(\boldsymbol{R}_{kj}^{(t+1)'})(\boldsymbol{R}_{kj}^{(t+1)} - \boldsymbol{R}_{kj}^{(t+1)'}) +$$

$$\frac{[\alpha \boldsymbol{R}^{(t+1)}(\boldsymbol{U}^{(t+1)})^{\mathrm{T}}(\boldsymbol{C}^{(t+1)})^{\mathrm{T}}\boldsymbol{C}^{(t+1)}\boldsymbol{U}^{(t+1)} + (1-\alpha)\boldsymbol{R}^{(t+1)}(\boldsymbol{U}^{(t)})^{\mathrm{T}}(\boldsymbol{C}^{(t)})^{\mathrm{T}}\boldsymbol{C}^{(t)}\boldsymbol{U}^{(t)} + \mu \boldsymbol{D}^{R^{(t+1)}}\boldsymbol{R}^{(t+1)}]_{kj}}{\boldsymbol{R}_{kj}^{(t+1)'}(\boldsymbol{R}_{kj}^{(t+1)} - \boldsymbol{R}_{kj}^{(t+1)'})^2}$$

$$(3.28)$$

为函数 $J_{kj}(\boldsymbol{R}_{kj}^{(t+1)})$ 的辅助函数。

证明　令 $J_{kj}(\boldsymbol{R}_{kj}^{(t+1)})$ 的 Taylor 展开

$$J_{kj}(\boldsymbol{R}_{kj}^{(t+1)}) = J_{kj}(\boldsymbol{R}_{kj}^{(t+1)'}) + J'_{kj}(\boldsymbol{R}_{kj}^{(t+1)'})(\boldsymbol{R}_{kj}^{(t+1)} - \boldsymbol{R}_{kj}^{(t+1)'}) +$$

$$[\alpha(\boldsymbol{U}^{(t+1)})^{\mathrm{T}}(\boldsymbol{C}^{(t+1)})^{\mathrm{T}}\boldsymbol{C}^{(t+1)}\boldsymbol{U}^{(t+1)} + (1-\alpha)(\boldsymbol{U}^{(t)})^{\mathrm{T}}(\boldsymbol{C}^{(t)})^{\mathrm{T}}\boldsymbol{C}^{(t)}\boldsymbol{U}^{(t)}]_{jj} +$$

$$\mu[\boldsymbol{L}_R]_{kk}(\boldsymbol{R}_{kj}^{t+1} - \boldsymbol{R}_{kj}^{t+1})^2$$

由式（3.28）可知，$Z(\boldsymbol{R}_{kj}^{(t+1)}, \boldsymbol{R}_{kj}^{(t+1)'}) \geqslant J_{kj}(\boldsymbol{R}_{kj}^{(t+1)})$ 等价于

$$\frac{[\alpha \boldsymbol{R}^{(t+1)}(\boldsymbol{U}^{(t+1)})^{\mathrm{T}}(\boldsymbol{C}^{(t+1)})^{\mathrm{T}}\boldsymbol{C}^{(t+1)}\boldsymbol{U}^{(t+1)} + (1-\alpha)\boldsymbol{R}^{(t+1)}(\boldsymbol{U}^{(t)})^{\mathrm{T}}(\boldsymbol{C}^{(t)})^{\mathrm{T}}\boldsymbol{C}^{(t)}\boldsymbol{U}^{(t)} + \mu \boldsymbol{D}^{R^{(t+1)}}\boldsymbol{R}^{(t+1)}]_{kj}}{\boldsymbol{R}_{kj}^{(m+1)'}}$$

$$\geqslant [\alpha(\boldsymbol{U}^{(t+1)})^{\mathrm{T}}(\boldsymbol{C}^{(t+1)})^{\mathrm{T}}\boldsymbol{C}^{(t+1)}\boldsymbol{U}^{(t+1)} + (1-\alpha)(\boldsymbol{U}^{(t)})^{\mathrm{T}}(\boldsymbol{C}^{(t)})^{\mathrm{T}}\boldsymbol{C}^{(t)}\boldsymbol{U}^{(t)}]_{jj} + \mu[\boldsymbol{L}_R]_{kk}$$

$$(3.29)$$

进而得到

$$[\alpha \boldsymbol{R}^{(t+1)}(\boldsymbol{U}^{(t+1)})^{\mathrm{T}}(\boldsymbol{C}^{(t+1)})^{\mathrm{T}}\boldsymbol{C}^{(t+1)}\boldsymbol{U}^{(t+1)} +$$

$$(1-\alpha)\boldsymbol{R}^{(t+1)}(\boldsymbol{U}^{(t)})^{\mathrm{T}}(\boldsymbol{C}^{(t)})^{\mathrm{T}}\boldsymbol{C}^{(t)}\boldsymbol{U}^{(t)} + \mu \boldsymbol{D}^{R^{(t+1)}}\boldsymbol{R}^{(t+1)}]_{kj}$$

$$= \sum_l^K \boldsymbol{R}_{kl}^{(t+1)'}[\alpha(\boldsymbol{U}^{(t+1)})^{\mathrm{T}}(\boldsymbol{C}^{(t+1)})^{\mathrm{T}}\boldsymbol{C}^{(t+1)}\boldsymbol{U}^{(t+1)} +$$

$$(1-\alpha)(\boldsymbol{U}^{(t)})^{\mathrm{T}}(\boldsymbol{C}^{(t)})^{\mathrm{T}}\boldsymbol{C}^{(t)}\boldsymbol{U}^{(t)}]_{lj}$$

$$\geqslant \boldsymbol{R}_{kl}^{(t+1)'}[\alpha(\boldsymbol{U}^{(t+1)})^{\mathrm{T}}(\boldsymbol{C}^{(t+1)})^{\mathrm{T}}\boldsymbol{C}^{(t+1)}\boldsymbol{U}^{(t+1)} + (1-\alpha)(\boldsymbol{U}^{(t)})^{\mathrm{T}}(\boldsymbol{C}^{(t)})^{\mathrm{T}}\boldsymbol{C}^{(t)}\boldsymbol{U}^{(t)}]_{jj}$$

$$[\mu \boldsymbol{D}^{R^{(t+1)}}\boldsymbol{R}^{(t+1)}]_{kj} = \mu \sum_l^M \boldsymbol{D}_{kl}^{R^{(t+1)}}\boldsymbol{R}_{lj}^{(t+1)'} \geqslant \mu \boldsymbol{D}_{kk}^{R^{(t+1)}}\boldsymbol{R}_{kj}^{(t+1)'}$$

$$\geqslant \mu[\boldsymbol{D}^{R^{(t+1)}} - \boldsymbol{W}^{R^{(t+1)}}]_{kk}\boldsymbol{R}_{kj}^{(t+1)'}$$

$$= \mu[\boldsymbol{L}_{R^{(t+1)}}]_{kk}\boldsymbol{R}_{kj}^{(t+1)'}$$

因此，$Z(\boldsymbol{R}_{kj}^{(t+1)}, \boldsymbol{R}_{kj}^{(t+1)'}) \geqslant J_{kj}(\boldsymbol{R}_{kj}^{(t+1)})$，即不等式（3.29）成立。

故此，$Z(\boldsymbol{R}_{kj}^{(t+1)}, \boldsymbol{R}_{kj}^{(t+1)'}) = J_{kj}(\boldsymbol{R}_{kj}^{(t+1)})$。

定理 3.1 的证明如下：

证明　将式(3.26)中 $Z(\boldsymbol{R}_{kj}^{(t+1)},\boldsymbol{R}_{kj}^{(t+1)\prime})$ 代入式(3.28),可得

$$\boldsymbol{R}_{kj}^{(t+1)}=\boldsymbol{R}_{kj}^{(t+1)\prime}-$$

$$\boldsymbol{R}_{kj}^{(t+1)\prime}\frac{J_{kj}'(\boldsymbol{R}_{kj}^{(t+1)\prime})}{2[\alpha\boldsymbol{R}^{(t+1)}(\boldsymbol{U}^{(t+1)})^{\mathrm{T}}(\boldsymbol{C}^{(t+1)})^{\mathrm{T}}\boldsymbol{C}^{(t+1)}\boldsymbol{U}^{(t+1)}+(1-\alpha)\boldsymbol{R}^{(t+1)}(\boldsymbol{U}^{(t)})^{\mathrm{T}}(\boldsymbol{C}^{(t)})^{\mathrm{T}}\boldsymbol{C}^{(t)}\boldsymbol{U}^{(t)}+\mu\boldsymbol{D}^{R^{(t+1)}}\boldsymbol{R}^{(t+1)}]_{kj}}$$

$$=\boldsymbol{R}_{kj}^{(t+1)\prime}\frac{[\alpha(\boldsymbol{A}^{(t+1)})^{\mathrm{T}}\boldsymbol{C}^{(t+1)}\boldsymbol{U}^{(t+1)}+(1-\alpha)\boldsymbol{A}^{(t)\mathrm{T}}\boldsymbol{C}^{(t)}\boldsymbol{U}^{(t)}+\mu\boldsymbol{W}^{R^{(t+1)}}\boldsymbol{R}^{(t+1)}]_{kj}}{[\alpha\boldsymbol{R}^{(t+1)}(\boldsymbol{U}^{(t+1)})^{\mathrm{T}}(\boldsymbol{C}^{(t+1)})^{\mathrm{T}}\boldsymbol{C}^{(t+1)}\boldsymbol{U}^{(t+1)}+(1-\alpha)\boldsymbol{R}^{(t+1)}(\boldsymbol{U}^{(t)})^{\mathrm{T}}(\boldsymbol{C}^{(t)})^{\mathrm{T}}\boldsymbol{C}^{(t)}\boldsymbol{U}^{(t)}+\mu\boldsymbol{D}^{R^{(t+1)}}\boldsymbol{R}^{(t+1)}]_{kj}}$$

由于式(3.28)为函数 $J_{kj}(\boldsymbol{R}_{kj}^{(t+1)})$ 的辅助函数,因此,在更新式(3.25)下 $J_{kj}(\boldsymbol{R}_{kj}^{(t+1)})$ 单调下降。

又由变量 $\boldsymbol{C}^{(t+1)}$ 和 $\boldsymbol{R}^{(t+1)}$ 的对称性,对更新式(3.21)可得到相同的结论。

综上,定理 3.1 证明完毕。

3.4.3　复杂度分析

下面讨论提出的算法 EC-NMF 的时间复杂度。该算法的时间复杂度主要包括矩阵分解、构建 ε-近邻数据图和特征图以及算法的多次迭代求解。

首先,创建 ε-近邻数据图和特征图的时间复杂度共为 (n^2m+nm^2)。

其次,更新式(3.17)和式(3.25)的时间复杂度分别为

$$3c_1m_1k+m_1n_1k+nk^2+c_1k^2$$

和

$$3c_1m_1k+m_1n_1k+2n_1k^2+c_1k^2+3c_0m_0k+m_0n_0k+c_0k^2$$

其中, k 是时间步 $t+1$ 时的聚类数, c_1 和 c_0 分别为时间步 $t+1$ 和 t 时的子空间大小, n_1 和 n_0 分别为时间步 $t+1$ 和 t 时的输入矩阵的大小。

假设算法的最大迭代次数为 T,EC-NMF 迭代求解计算复杂度为 $O(T(cmk+mnk+nk^2+ck^2))$,其中, $n=\max(n_0,n_1)$, $c=\max(c_0,c_1)$ 。

综上所述,EC-NMF 算法总的时间复杂度为 $O(T(cmk+mnk+nk^2+ck^2)+n^2m+nm^2)$ 。

3.5 仿真实验及结果分析

为了说明本书所提出的算法 EC-NMF 的有效性和可行性,本节将通过合成数据集和实测数据集对其进行验证。

3.5.1 比较算法及评估方法

与 EC-NMF 进行比较的相关算法分别为:将传统的 K-means 算法在主成成分分析(Principle Component Analysis,PCA)子空间中进行聚类;规范切(Normalized Cut,Ncut)算法[128];以及基于 NMF 的聚类算法。

在下面所有实验中,所有的比较算法性能通过聚类准确率和标准互信息进行衡量。

定义 3.4 聚类准确率(Clustering Accuracy,ACC)定义为[129-130]

$$ACC = \frac{\sum_{i=1}^{n} \delta(map(r_i), l_i)}{n} \qquad (3.30)$$

其中,r_i 和 l_i 分别为聚类算法得到数据点 x_i 的标签与实际标签;$\delta(x, y)$ 为 delta 函数,当 $x = y$ 时,$\delta(x, y) = 1$,否则 $\delta(x, y) = 0$。$map(r_i)$ 为最优映射函数,将聚类算法得到的类别 r_i 映射到数据集合中等价类别[143]。需要说明的是,ACC 越高,表明聚类算法的聚类质量越好。

定义 3.5 标准互信息(Normalized Mutual Information,NMI)定义为[144]

$$NMI = \frac{\sum_{i=1}^{k^{(a)}} \sum_{j=1}^{k^{(b)}} n_{i,j} \log\left(\frac{n \cdot n_{i,j}}{n_i \cdot n_j}\right)}{\sqrt{\left(\sum_{i=1}^{k^{(a)}} n_i \log \frac{n_i}{n}\right)\left(\sum_{j=1}^{k^{(b)}} n_j \log \frac{n_j}{n}\right)}} \qquad (3.31)$$

其中,n_i 和 n_j 分别表示分类标签 i 和聚类标签 j 的样本数目;$n_{i,j}$ 为第 i 个类

中属于实际的第 j 类的样本数目；$k^{(a)}$ 和 $k^{(b)}$ 分别为真实的和预测的聚类数目。若聚类结果与分类标签完全匹配，$NMI=1$；若需要聚类的样本处于随机分布，则 $NMI=0$。NMI 值越高，表明聚类算法的聚类结果质量越好。

因为所用的数据集中没有预定义的分类标签，本实验中通过交替的方式对聚类结果进行评估。首先，使用 K-means 算法的聚类结果结合特征标签作为目标标签进行特征聚类结果评价；其次，使用 K-means 算法的聚类结果结合用户数据作为目标标签进行用户数据聚类结果评价。每一个时间步，给出不同的聚类数目，在随机的环境下对算法进行测试。在下面所有的实验中，所有的实验结果都是 20 次实验的平均值。

3.5.2　合成数据集上的实验结果及分析

为了测试 EC-NMF 应用于多流式数据时的聚类效果，本书使用原型系统 $f(\cdot)$ 生成合成数据集[110]。具体的生成方式描述如下：$f(t+\Delta t)=f(t)+f'(t+\Delta t)$，$f'(t+\Delta t)=f'(t)+u(t)$，$t=0,\Delta t,2\Delta t,\cdots$。其中，$u(t)$ 是分布在区间 $[-a,a]$ 的独立随机变量。基于原型系统所产生的数据集，分别在水平和垂直方向增加噪声，得到的流式数据 $S(\cdot)$ 为 $S(t)=f(t+h(t))+g(t)$，其中，$h(\cdot)$ 和 $g(\cdot)$ 生成方法与 $f(\cdot)$ 类似，常量 a 决定了过程的流畅度。对于 $p(\cdot),h(\cdot)$ 和 $g(\cdot)$ 可以分别设置不同的值，如 0.2，0.5，0.6。对于每一个原型函数，通过随机变化在同一个原型系统中生成多条不同的流式数据。

本书随机生成了 6 个合成数据集，每个合成数据集的流式数据数目在 50~2 000 的合成数据集，每条流式数据包含 1 000 个数据元素。每一个方法中，每条流式数据的特征数大小 100 个数据点，聚类数为 2~30。为了得到随机的实验结果，在不同的时间步上对算法进行评价。

不同的 α 大小，代表了历史信息参与的不同程度。当 $\alpha=1$ 时，没有引入先验信息；当 $\alpha=0$，仅考虑了先验信息，未对当前时间步的结果进行计算。α 值越大表明了对历史信息的嵌入比例越小。为了测试先验结果对聚类性能的影响,并从中确定出最好的历史信息嵌入比例,本节基于人工合成数据集对 $\alpha \in [0.2, 1]$ 时的聚类性能进行了测试。当 $\alpha \in [0.2, 1]$ 时,不同时间步的 EC-NMF 的聚类准确率和聚类标准互信息见表 3.2 和表 3.3。通过表 3.2 和表 3.3 的结果分析可以发现,当 $\alpha = 0.6$ 时,EC-NMF 的聚类准确率和聚类标准互信息性能最好。因此,在接下来的实验中,将 $\alpha = 0.6$ 作为默认的值对 EC-NMF 的实际性能进行测试。

表 3.2　当 $\alpha \in [0.2, 1]$ 时,算法 EC-NMF 在合成数据集的聚类准确率

时间步	$\alpha = 0.2$	$\alpha = 0.4$	$\alpha = 0.6$	$\alpha = 0.8$	$\alpha = 1$
1	0.497 3	0.551 2	0.861 2	0.543 2	0.498 1
2	0.518 2	0.572 9	0.802 5	0.538 1	0.412 5
3	0.551 7	0.667 5	0.813 3	0.661 9	0.493 2
4	0.578 8	0.611 4	0.798 8	0.548 2	0.521 4
5	0.509 1	0.598 9	0.702 9	0.697 5	0.519 2
6	0.573 3	0.612 7	0.831 3	0.518 8	0.453 7
7	0.556 2	0.591 4	0.702 7	0.675 6	0.554 1
8	0.502 6	0.601 5	0.776 1	0.573 2	0.412 3
9	0.519 7	0.621 8	0.802 2	0.518 9	0.479 5
10	0.577 8	0.662 3	0.811 1	0.536 1	0.479 2
平均值	0.538 5	0.609 2	0.790 2	0.581 2	0.482 3

表 3.3　当 $\alpha \in [0.2, 1]$ 时,算法 EC-NMF 在合成数据集的聚类标准互信息

时间步	$\alpha = 0.2$	$\alpha = 0.4$	$\alpha = 0.6$	$\alpha = 0.8$	$\alpha = 1$
1	0.429 2	0.545 1	0.763 1	0.681 9	0.541 1
2	0.419 1	0.539 3	0.781 1	0.641 4	0.530 2
3	0.397 7	0.668 6	0.800 3	0.641 7	0.663 4
4	0.434 5	0.546 7	0.793 1	0.581 7	0.543 9

续表

时间步	$\alpha = 0.2$	$\alpha = 0.4$	$\alpha = 0.6$	$\alpha = 0.8$	$\alpha = 1$
5	0.413 7	0.699 2	0.782 2	0.642 2	0.691 9
6	0.456 8	0.510 3	0.812 5	0.641 7	0.518 7
7	0.397 5	0.671 7	0.783 9	0.689 6	0.676 5
8	0.415 5	0.575 3	0.766 5	0.642 9	0.573 1
9	0.465 3	0.513 9	0.778 8	0.641 7	0.518 2
10	0.478 7	0.532 7	0.809 4	0.680 4	0.538 9
平均值	0.430 8	0.580 3	0.787 1	0.648 5	0.579 6

为了测试算法 EC-NMF 效果,与 3 种相关的算法在合成数据集上进行了比较。其中,所有的实验中将 α 的值设置为 0.6。在不同聚类数的情况下,通过 20 次实验所得到的平均聚类准确率和 NMI 分别见表 3.4 和表 3.5。由表 3.4 和表 3.5 的结果可以看出,考虑了几何结构信息的 Ncut,NMF 算法比没有考虑 K-means 算法的聚类质量好。EC-NMF 算法因为考虑了样本属性和特征属性的双正则化约束,所以 EC-NMF 算法在 ACC 和 NMI 两个指标上均优于其他 3 种算法。

表 3.4　4 种算法在合成数据集的聚类准确率

k	K-means	Ncut	NMF	EC-NMF
2	0.281 9	0.341 7	0.281 4	0.365 5
5	0.290 3	0.372 4	0.316 6	0.802 2
8	0.316 2	0.376 3	0.396 4	0.814 9
10	0.305 5	0.381 7	0.410 6	0.800 1
12	0.329 3	0.370 3	0.341 5	0.790 1
15	0.341 7	0.363 1	0.359 5	0.834 3
18	0.359 9	0.360 8	0.290 9	0.790 5
10	0.313 1	0.359 6	0.315 4	0.776 5

续表

k	K-means	Ncut	NMF	EC-NMF
25	0.298 3	0.396 1	0.376 4	0.801 2
30	0.293 3	0.376 2	0.376 3	0.812 1
平均值	0.313 0	0.369 8	0.346 5	0.758 7

表 3.5　4 种算法在合成数据集的聚类标准互信息

k	K-means	Ncut	NMF	EC-NMF
2	0.381 7	0.326 2	0.363 5	0.377 1
5	0.283 5	0.342 1	0.316 4	0.781 7
8	0.232 4	0.370 7	0.373 7	0.800 9
10	0.312 5	0.326 5	0.363 3	0.793 2
12	0.283 9	0.342 9	0.316 9	0.782 1
15	0.232 1	0.370 1	0.373 1	0.812 6
18	0.281 6	0.326 3	0.363 2	0.783 5
10	0.283 5	0.342 7	0.396 3	0.766 9
25	0.332 2	0.370 5	0.317 9	0.778 8
30	0.285 7	0.326 6	0.360 7	0.809 2
平均值	0.290 9	0.344 5	0.354 5	0.748 6

　　为了测试本章所提出的 EC-NMF 算法聚类响应时间,接下来的实验中将测试其在不同的聚类数 k 和不同的流式数据 n 时的时间性能。首先设计聚类数 k 从 5 变化为 300,每一次测试时的流式数据数目为 2 000,每一条流式数据包括 32 维的特征属性。图 3.1 为聚类数 k 从 5~300 变化时的各个算法的聚类响应时间。其中,y-axis 代表了执行时间,x-axis 代表了聚类数的变化。从图 3.1 可以看出,算法 EC-NMF 和 NMF 的执行时间基本一致,且始终优于其他两种算法。

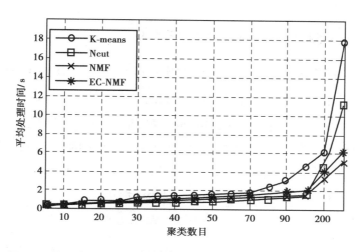

图 3.1　当聚类数 k 从 5~300 变化时,4 种算法的平均处理时间比较

图 3.2 为流式数据数量从 50 增长为 2 000 时的 4 种算法的响应时间变化趋势,其中,y-axis 代表了执行时间,x-axis 代表了流式数据数量的变化,聚类数 $k=7$。从图 3.2 可以看出,除 K-means 算法以外,流式数据数目从 50 变化为 2 000 时平均处理时间增长缓慢。其原因在于,Ncut,NMF和 EC-NMF 算法聚类多流式数据时是在低秩子空间中进行计算,所以 3种算法的执行效率高于传统的 K-means 算法。

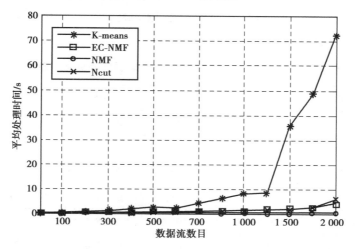

图 3.2　当流式数据数 n 从 50~2 000 时,4 种算法的平均处理时间比较

3.5.3 实测数据集上的实验结果及分析

本节测试提出的 EC-NMF 方法在实测数据集上的聚类性能。其中，两个数据集分别为 Dayton 和 PeMS，它们的基本属性见表 3.6。

首先，测试 EC-NMF 应用于 Dayton 数据集时的聚类效果。该数据集为世界 290 个城市 1995 年 1 月至 2004 年 10 月每天的平均气温记录，每个城市代表一个流式数据，每条流式数据有 3 416 个数据项。每一年作为一个时间步，一共包括 10 个时间序列的数据集。

表 3.6 实测数据集的基本属性描述

数据集	采样数 n	特征数 m	聚类数目 k
Dayton	290	365	5
PeMS	440	963	7

当 $\alpha = 0.6$ 时，EC-NMF 在 Dayton 数据集上的聚类效果见表 3.6 和表 3.7，每一个数据集所对应的最好的性能用粗体表示。从表 3.7 和表 3.8 可以看出，EC-NMF 算法应用于 Dayton 数据集除第一步外大多数时间步上都要优于其他 3 种算法，其原因在于 EC-NMF 算法对流式数据进行聚类时考虑了历史先验信息。

表 3.7 当 $\alpha = 0.6$ 时，4 种算法在 Dayton 数据集上的聚类准确率

时间步	K-means	Ncut	NMF	EC-NMF
1	0.311 2	0.407 1	0.449 3	0.530 1
2	0.327 9	0.389 7	0.419 8	0.727 1
3	0.344 1	0.359 6	0.496 4	0.735 5
4	0.328 2	0.383 2	0.441 7	0.726 3
5	0.355 7	0.395 4	0.498 5	0.776 7
6	0.333 6	0.407 6	0.480 9	0.762 1
7	0.351 9	0.395 3	0.468 1	0.731 4

续表

时间步	K-means	Ncut	NMF	EC-NMF
8	0.348 1	0.383 2	0.496 3	0.770 9
9	0.312 2	0.407 6	0.455 7	0.747 7
10	0.337 5	0.408 7	0.488 8	0.786 3
平均值	0.335 0	0.393 7	0.469 6	0.729 4

表 3.8　当 $\alpha = 0.6$ 时，4 种算法在 Dayton 数据集上的聚类标准互信息

时间步	K-means	Ncut	NMF	EC-NMF
1	0.351 9	0.400 8	0.481 4	0.534 2
2	0.300 1	0.380 3	0.416 6	0.659 7
3	0.303 3	0.352 1	0.454 3	0.705 5
4	0.319 2	0.355 5	0.428 7	0.707 2
5	0.323 7	0.395 4	0.486 1	0.753 8
6	0.317 3	0.408 7	0.491 9	0.759 1
7	0.348 5	0.400 3	0.465 3	0.763 4
8	0.326 9	0.397 4	0.543 7	0.762 3
9	0.321 7	0.396 4	0.435 5	0.786 9
10	0.314 1	0.399 3	0.446 1	0.796 3
平均值	0.322 7	0.388 6	0.465 0	0.722 8

接下来测试算法 EC-NMF 应用于 PeMS 数据集时的聚类效果。PeMS 数据集为实时的交通状态记录。本实验选取了交通状态监控系统中主要记录 U.S 高速公路 24 h×7 d 的道路交通流量。本实验选择了 San Francisco bay 区域从 2008 年 1 月 1 日至 2009 年 3 月 30 日共 15 个月每天的交通流量记录。除公共的假期,两天的异常数据以外,以每一天代表一个时间序列的流式数据,该数据集 440 个时间序列数据集。本实验的任务是将每一天的数据记录进行分类,如从星期一到星期日,分别标记为 ith-。

以 10 min 为间隔对每一天内的采样数据进行划分,每一条流式数据包括 144 个数据项。在一天中一个给定的时间戳内,每一条记录将有 963 个(线路,每一条线路为一个站点/检测器)属性。

当 $\alpha = 0.6$ 时,对于给定的聚类数 k,EC-NMF 在 PeMS 数据集上的聚类效果见表 3.9 和表 3.10。

表 3.9　当 $\alpha = 0.6$ 时,4 种算法在 PeMS 数据集上的聚类准确率

k	K-means	Ncut	NMF	EC-NMF
3	0.252 1	0.322 9	0.410 5	0.663 3
5	0.309 7	0.368 1	0.399 7	0.681 9
8	0.319 4	0.390 7	0.378 3	0.600 7
10	0.309 5	0.332 7	0.342 1	0.693 2
12	0.299 2	0.377 3	0.401 2	0.682 5
15	0.315 4	0.309 1	0.431 7	0.612 3
18	0.291 7	0.350 6	0.379 4	0.683 5
20	0.305 3	0.379 7	0.408 2	0.666 1
平均值	0.300 3	0.353 9	0.393 9	0.660 4

表 3.10　当 $\alpha = 0.6$ 时,4 种算法在 PeMS 数据集上的聚类标准互信息

k	K-means	Ncut	NMF	EC-NMF
3	0.251 9	0.321 1	0.343 7	0.572 4
5	0.290 1	0.334 6	0.401 3	0.503 1
8	0.310 5	0.320 2	0.458 7	0.589 8
10	0.321 3	0.318 1	0.389 7	0.599 6
12	0.298 7	0.390 3	0.401 1	0.510 9
15	0.288 1	0.288 3	0.320 3	0.535 4
18	0.293 3	0.309 3	0.402 1	0.600 3
20	0.310 9	0.313 7	0.398 8	0.513 1
平均值	0.295 6	0.324 5	0.389 5	0.553 1

从表 3.9 和表 3.10 可以看出,Ncut,NMF 以及本书提出的 EC-NMF 算法的聚类性能均好于传统的 K-means 算法。其理由是 Ncut,NMF 以及本书提出的 EC-NMF 算法进行聚类时考虑了数据的几何结构信息。EC-NMF算法在大多数时间步上都要优于其他 3 种算法是因为 EC-NMF 算法不仅考虑了在进行聚类时嵌入了上一步的聚类结果,还利用样本和特征双正则约束的几何结构信息。

3.5.4　参数选择

本章所提出的 EC-NMF 算法主要有 4 个参数:平衡因子 α,正则化参数 λ 和 μ,构造图的最近邻数 k。平衡因子 α 的选择已经在 3.5.2 小节讨论过了,下面主要讨论 EC-NMF 算法关于 3 个参数的选择问题。为了测试算法关于 3 个参数的稳定性,本书通过局部寻优的方式进行测试,即首先固定一个参数的值,按照参数设置部分的说明去变动另一个参数。为方便起见,正则化参数 λ 和 μ 的取值范围均为 $\{0.001,0.01,0.1,1,10,100,1\,000\}$。最近邻数 k 的取值范围为 $\{2,3,4,5,6,7,8,9,10\}$。本实验所采用的数据集实测数据集为 Dayton 和 PeMS 数据集。不同参数时算法 EC-NMF 的聚类准确率 ACC 和 NMI 的变化如图 3.3 和图 3.4 所示。

由图 3.3 和图 3.4 所示的结果,可得出以下结论:

①当两个正则参数 λ 和 μ 取值在 $0.001 \sim 1\,000$ 时,算法的聚类准确率 ACC 和 NMI 的浮动范围相对较小,因此,EC-NMF 算法的聚类性能是相对稳定的。

②提出的 EC-NMF 算法的聚类准确率 ACC 随着最近邻数的增大而降低,其原因为最近邻数过大时生成的稀疏图不能准确地反映数据固有的几何结构。

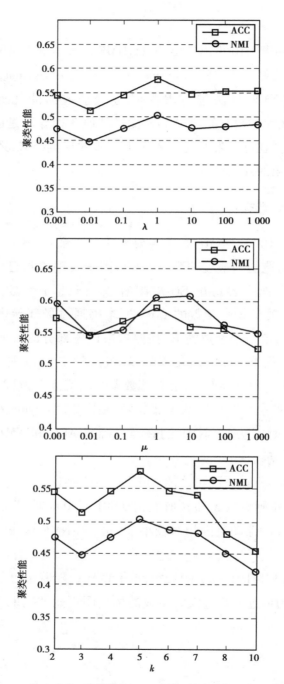

图 3.3　参数 λ, μ 和 k 变化时, 算法 EC-NMF 基于数据集 Dayton 的聚类性能变化

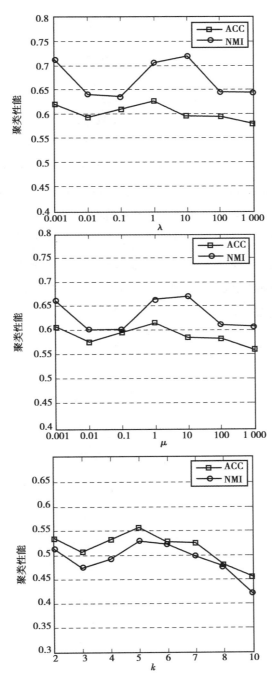

图 3.4　参数 λ, μ 和 k 变化时,算法 EC-NMF 基于数据集 PeMS 的聚类性能变化

3.6　本章小结

　　为能够发现随时间不断演化多流式数据之间的相关性,本章基于低秩近似矩阵分解聚类的思想,提出了交通多流式数据的进化聚类算法 EC-NMF,该框架利用了数据流形和特征流形的局部不变性特征。为了保持聚类结果随时间变化的一致性,EC-NMF 框架还考虑了随时间滑动的历史聚类结果的信息。基于 EC-NMF 框架,推导出了一个交替迭失更新规则,并从理论上证明了该算法的收敛性和正确性。最后,基于合成数据集和实测数据集验证了 EC-NMF 算法应用于多流式数据聚类问题时的聚类性能。实验结果表明,本章所提出的 EC-NMF 算法能有效的应用于随时间不断演化的多流式数据的聚类问题中。

第 **4** 章
基于纵向空间传播特性的
交通多流式数据联合聚类分析

以各种感知设备所产生的流式数据为对象所构建的交通网络是典型的随时间不断演化的动态网络。动态网络的社团结构发现有助于了解网络的结构变化和演化特性。在第 3 章中,针对流式数据随时间不断变化的特性,提出了基于周期特性的多流式数据的进化聚类算法 EC-NMF。通过 2.3.2 小节的分析可知,具有上下游关系的地点或路段的交通状态之间相互影响。为能够对具有上下游关系的多个断面所获取的交通流式数据同时进行聚类,本章基于非负矩阵三分解联合聚类的基本思想,进一步研究了结合交通流式数据纵向传播特性的交通多流式数据联合聚类问题。

4.1 引　言

根据动态网络不断变化特性,Chakrabarti 等[96] 提出用快照质量(snapshot quality)衡量 t 时刻聚类结果和网络结构的吻合度,历史代价(history cost)衡量 t 时刻聚类结果和 $t-1$ 时刻聚类结果变化情况的进化聚类框架。该框架中由两个因子模块构成的,采用迭代优化方法,求取一个优化平衡点,获得最佳聚类结果。为了避免动态网络演化所带来的噪声,Lin 等[103] 根据网络拓扑结构随时间不断演化的特性,提出了 FacetNet 框架。FacetNet 框架通过构建图模型,基于非负分解的思想发现网络的社团。FacetNet 算法不仅依赖于当前的网络结构,还考虑了上一时刻的网络特征。

交通系统中,由于交通流与流体力学具有类似的运行规律,同一道路中不同断面的交通流量在时间上和空间上的相互关联[145]。因此,以监测设备所构成的交通网络的网络结构的变化不仅与时间属性有关,还会受空间位置的影响表现出不同的特征。图 4.1 为具有上下游关系的两个固定检测器所采集的重庆市某高速公路 2014 年 5 月 12 日一天的交通流量时间序列。由图 4.1 可以看出,具有上下关系的断面之间的交通流量时间序列之间具有相似的变化趋势。上下游流量的变化规律仅相差 Δt 的时间间隔,且 Δt 很小。

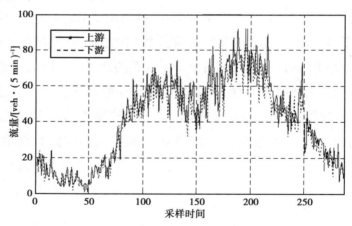

图 4.1 基于流量的上下游断面交通时间序列

为能够同时考虑多个断面的交通流式数据随时间和空间不断变化的特性,本章以多个断面的交通流式数据之间的相关性分析为研究对象,研究多个断面之间交通流式数据的聚类问题。针对交通流式数据的时空传播特性,基于动态网络社团发现的相关理论及研究现状,提出了交通多流式数据的联合聚类模型 STClu。该模型结合了具有空间相邻关系的上一刻的信息,考虑了具有上下游关系的流式数据之间的空间变化特性,即 STClu 模型应用于交通多流式数据的聚类问题时,既考虑上下游流式数据之间的关系,又考虑上游流式数据之间的关系、下游流式数据之间的关系。

4.2　相关工作

4.2.1　联合聚类

联合聚类已被成功应用于基因组表达、文本挖掘、协同过滤等领域[132-133,146-152]。通过联合聚类,可发现任意两种类型数据的关联,也就可推导出多种类型数据之间的关联。例如,基于图分割的联合聚类算法中,可在二分图中加入其他类型的节点,代表其他类型的数据,直接对多种类型的数据进行聚类[153]。

Slonim 等[154]将不同类型的对象作为不同的随机变量,提出一种基于统计分布的联合聚类方法。该方法将行和列两种不同类型的对象同时进行聚类,并在此基础上提出了信息瓶颈的概念。Dhillon 等[132, 146]提出了以 Kullback-Leibler(KL)距离最小为标准的二部图协同谱图划分的联合聚类算法。Banerjee 等[147]提出了一种同时考虑类别内部均值,以及行与列向量全局均值的联合聚类方法。以得到最好的矩阵逼近,该方法采用任意的 Bregman 散度作为目标函数。

基于矩阵的联合聚类算法是利用对象和属性之间的关联矩阵,将行和列一起进行聚类,即把矩阵分割成矩阵子块,以子块方差作为目标函数,目标函数越小,聚类的效果越好。Long 等[133]提出了将关系矩阵使用块值分解的三元组矩阵分解联合聚类方法。Ding 等[141]提出了一个基于 NMF 且类似于联合聚类方式的聚类方法。为了优化非负矩阵分解的问题,Chen 等[155] 在 NMF 分解的基础上增加正交约束,提出一种称为正交约束 NMF 的方法,该方法可被看成一种软联合聚类方法。

4.2.2　基于 NMTF 的联合聚类

Ding 等[100, 149-150, 156] 将非负矩阵三分解(Non-negative Matrix Tri-factorization,NMTF)应用到 Co-clustering 中。假设聚类目标是将矩阵 X 的行向量聚成 k 类,将 X 的列向量聚成 l 类。当矩阵 X 可能包含负值时,NMTF 的优化问题为[100]

$$\min_{G,S,H} \| X - GSH^{\mathrm{T}} \|_F^2$$
$$\text{s.t.} G \geqslant 0, H \geqslant 0 \qquad\qquad (4.1)$$

其中,$G \in \mathbf{R}^{n\times k}$,$S \in \mathbf{R}^{k\times l}$ 和 $H \in \mathbf{R}^{m\times l}$,$\| \cdot \|_F$ 代表矩阵的 Frobenius 范式,定义为 $\| A \|_F = tr(AA^{\mathrm{T}})$。从式(4.1)可以看出,非负矩阵三分解的目标是用矩阵 G,S 和 H 的乘积近似表示矩阵 X,其中,S 可看作数据矩阵 X 的一种简单表示。矩阵 $GS \in \mathbf{R}^{n\times l}$ 的列向量形成了一组针对 X 样本空间的基,其中的每一个列向量对应于一个样本类。H 是列系数矩阵,可以根据 H 的数值,来判断 X 的样本所属的样本类。以 X 的第 i 列为例,如果

$$r = \arg \max_j H_{ij}, \qquad\qquad (4.2)$$

那么,X 的第 i 列就属于第 r 个列类,$SH^{\mathrm{T}} \in \mathbf{R}^{k\times m}$ 的行向量形成了一组针对 X 行空间的基,SH^{T} 的每一个列向量对应于一个特征类。G 是行系数矩阵,可以根据 G 的数值来判断 X 行向量所属的类。

当数据矩阵 X 为非负时,可以在式(4.1)中添加 S 为非负矩阵的约束,得到目标函数为

$$\min_{G,S,H} \| X - GSH^{\mathrm{T}} \|_F^2$$
$$\text{s.t.} G \geqslant 0, S \geqslant 0, H \geqslant 0 \qquad\qquad (4.3)$$

其中,矩阵 S 的元素代表了特征类和样本类之间的相似度。

为了使矩阵 G 和 H 更加符合实际要求,Ding 等[100] 在 NMTF 中增加了正交约束,得到目标函数为

$$\min_{G,S,H} \| X - GSH^{\mathrm{T}} \|_F^2$$

$$\text{s.t.} G \geqslant 0, S \geqslant 0, H \geqslant 0, G^{\mathrm{T}}G = I, H^{\mathrm{T}}H = I \qquad (4.4)$$

为了在 Co-clustering 中考虑流式数据形的几何结构,Gu 等[129]引入了双图正则约束非负矩阵三分解的 DRCC 算法,其目标函数为

$$\min_{G,S,H} \| X - GSH^{\mathrm{T}} \|_F^2 + \lambda tr(H^{\mathrm{T}}L_H H) + \mu tr(G^{\mathrm{T}}L_G G)$$
$$\text{s.t.} G \geqslant 0, S \geqslant 0, H \geqslant 0 \qquad (4.5)$$

其中,L_H 为特征空间内的 Laplacian 矩阵;L_G 为样本空间的 Laplacian 矩阵。

当样本数或者特征数非常大的时候,基于 NMTF 的 Co-clustering 算法[100, 149-150]的计算复杂度会显著提高。此外,这些算法往往假设数据矩阵 X 可存储在内存中。

奇异值分解(Singular Value Decomposition,SVD)[157]作为线性代数中一种重要的低秩矩阵近似技术,用途是解最小平方误差法和数据压缩。但是,SVD 在时间消耗上是 QR 分解[158]的近 10 倍的计算时间。

CUR 分解技术[159]首先根据行和列的概率分布选择表示行和列的左右矩阵,然后通过左右矩阵对中间矩阵进行计算。为降低 Co-clustering 算法的计算效率,Pan 等[160]应用 CUR 分解技术选择矩阵 X 的 n' 个行向量,m' 个列向量,提出了基于行列分解的 Co-clustering 算法(co-clustering based on Column and Row Decomposition,CRD)。

CMD[161]和 Colibri[120]低秩矩阵近似方法是通过 CUR 的改进而来。与 CUR 相比,在同样的时间空间开销下,CMD 可以得到更高的精度。Colibri 方法[120]可以有效处理规模比较大的静态和动态网络的分析。

4.3   基于时空特性的交通多流式数据联合聚类模型

为方便其见,下面以具有上下游关系的两组空间对象为例,继续沿用图论的描述方法,对考虑纵向传播特性的交通多流式数据的聚类问题进行描述。

4.3.1 问题描述

把 n-流式数据集合 $S^n = \{s_1, \cdots, s_n\}$ 中的每个流式数据 $s_i(i=1,\cdots,n)$ 都看作一个结点,将相似度作为两个结点间边的权重,度量两条流式数据在某一时间步上的相关性。具有上下游关系的两组空间对象 $O = \{o_1, \cdots, o_m\}$ 和 $P = \{p_1, \cdots, p_n\}$ 的空间关联关系如图 4.2 所示。上游的空间对象 $O = \{o_1, \cdots, o_m\}$ 用图 $G_1 = (V_1, E_1)$ 表示。其中,顶点集 $V_1 = \{o_1, \cdots, o_n\}$,边集 $E_1 = \{e_{ij} | o_i, o_j, \rho_{ij} \neq 0, i \neq j, i,j = 1, \cdots, m\}$。用图 $G_2 = (V_2, E_2)$ 表示下游的空间对象 $P = \{p_1, \cdots, p_n\}$ 的各个空间对象之间的关系。其中,顶点集 $V_2 = \{p_1, \cdots, p_n\}$,边集 $E_2 = \{e_{ij} | p_i, p_j, \rho_{ij} \neq 0, i \neq j, i,j = 1, \cdots, n\}$。

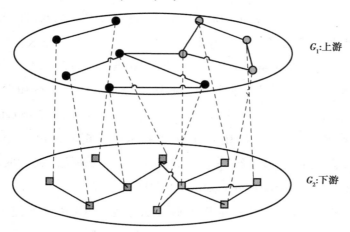

图 4.2 具有上下游关联关系的两组空间对象

图 $G_1 = (V_1, E_1)$ 和 $G_2 = (V_2, E_2)$ 的邻接矩阵分别用 $Y \in \mathbf{R}^{m \times m}$ 和 $X \in \mathbf{R}^{n \times n}$ 表示。t 时刻,图 G_2 中每一个带权 $e_{ij}^{(t)}$ 表示感知结点 i 和 j 在时间步 t 时的交互,任意一条边的权重 $\rho_{ij}^{(t)}$ 代表了数据点 $p_i^{(t)}$ 和 $p_j^{(t)}$ 的相似性程度,具体的计算为

$$\rho_{ij}^{(t)} = \exp\left(-\frac{\| p_i^{(t)} - p_j^{(t)} \|^2}{2\sigma^2}\right) \qquad (4.6)$$

其中,σ 是尺度因子。$t-1$ 时刻,对图 G_1 中相关问题的描述图 G_2 类似。

给定图 G_1 和 G_2 中任意两个空间对象 $o_i \in O$ 和 $p_j \in P$,具有上下游关系的流式数据之间的变化用邻接矩阵 $\boldsymbol{Z}^{(t-1,t)} \in \mathbf{R}^{n \times m}$ 表示。

本章利用二分图的方法对具有上下游关系的交通多流式数据聚类问题进行建模。为了保持与二分图中问题描述时的一致性,将上下游对象分别称之为特征节点和样本节点。具体的分析建模过程如 4.3.2 小节所述。

需要说明的是,本章所提出的考虑纵向传播特性的交通多流式数据聚类方法可以扩展到具有空间关联关系的 n 个网络的聚类问题中。

4.3.2 基于时空特性的交通多流式数据聚类建模

给定任意时间步 t,STClu 算法的目标是将这 m 个上游结点和 n 个下游结点划分到 k 个联合类中。下游的聚类结果用指示矩阵 $\boldsymbol{G} = \{0,1\}^{n \times k}$ 来表示,如果 p_i 属于第 r 类,那么,$G_{ir} = 1$;否则,$G_{ir} = 0$。类似地,上游结点的聚类结果用指示矩阵 $\boldsymbol{H} = \{0,1\}^{m \times k}$ 来表示。

本书将沿用文献[96]的思想,考虑纵向传播特性的交通多流式数据聚类模型 STClu 的目标函数为

$$
\begin{aligned}
J_{STClu} = \; & \| \boldsymbol{X}^{(t)} - \boldsymbol{C}_X^{(t)} \boldsymbol{U}_X^{(t)} (\boldsymbol{R}_X^{(t)})^{\mathrm{T}} \|_F^2 + \\
& \| \boldsymbol{Y}^{(t-1)} - \boldsymbol{C}_Y^{(t-1)} \boldsymbol{U}_Y^{(t-1)} (\boldsymbol{R}_X^{(t)})^{\mathrm{T}} \|_F^2 + \\
& \| \boldsymbol{Z}^{(t-1,t)} - (\boldsymbol{R}_X^{(t)})^{\mathrm{T}} \boldsymbol{U}^{(t-1,t)} (\boldsymbol{R}_Y^{(t-1)})^{\mathrm{T}} \|_F^2
\end{aligned} \tag{4.7}
$$

其中,$\boldsymbol{C}_X^{(t)}$ 和 $\boldsymbol{C}_Y^{(t-1)}$ 分别为 $\boldsymbol{X}^{(t)}$ 和 $\boldsymbol{Y}^{(t-1)}$ 的列表示矩阵;$\boldsymbol{U}_X^{(t)}$ 和 $\boldsymbol{U}_Y^{(t-1)}$ 为权重矩阵;$\boldsymbol{R}_X^{(t)} \in \mathbf{R}^{n \times k_1}$ 和 $\boldsymbol{R}_Y^{(t-1)} \in \mathbf{R}^{m \times k_2}$ 为图 $G^{(t)}$ 和 $G^{(t-1)}$ 聚类成员矩阵;$\boldsymbol{U}^{(t-1,t)}$ 为图 $G^{(t)}$ 和 $G^{(t-1)}$ 之间的关系矩阵。

式(4.7)中的第一项用来衡量当前聚类结果与当前多流式数据所构造的网络拓扑下的聚类质量。第二项用来衡量当前时刻聚类结果与上游的前一时刻的聚类结果的差异性。与第 4 章 EC-NMF 算法所嵌入的历史聚类结果不同,STClu 算法中结合的历史信息是与当前时间步空间相关的上游结点的前一时刻的历史信息。第三项用来衡量具有异步传输特性

的多个具有上下游关系的流式数据之间的当前时刻与上游上一时刻的聚类结果关系的差异性。为降低 Co-clustering 算法的计算复杂度和存储复杂度,独立的低秩近似子空间 C 通过使用 Colibri-S 和 Colibri-D 方法进行构建[120, 159],具体过程如 4.4.1 小节所述。

与 3.3.2 小节的条件类似,假设在 t 和 $t-1$ 时,聚类成员数分别为 k_1 和 k_2。如果 $k_2<k_1$,$U_Y^{(t-1)} = [U_Y^{(t-1)}, \mathbf{0}_{c\times(k_2+1\,:\,k_2)}]$;如果 $k_2>k_1$,删除 $U_Y^{(t-1)}$ 中多余的聚类向量。

4.3.3 迭代更新

上述目标函数(4.7)为关于变量 $U_X^{(t)}$,$R_X^{(t)}$ 和 $U^{(t-1,t)}$ 的非凸函数,无法求其全局最优解,继续沿用 Lee 等[137]提出的方法,给出多因子矩阵交替迭代的求解过程和各个因子的更新公式。

根据矩阵 $Tr(AB) = Tr(BA)$,$Tr(A) = Tr(A^{\mathrm{T}})$ 等性质,STClu 算法的目标函数式(4.7)可重写为

$$
\begin{aligned}
J_{STClu} =\ & Tr\{[X^{(t)} - C_X^{(t)}U_X^{(t)}(R_X^{(t)})^{\mathrm{T}}](X^{(t)} - C_X^{(t)}U_X^{(t)}R_X^{(t)})^{\mathrm{T}}\} + \\
& Tr\{[X^{(t-1)} - C_Y^{(t-1)}U_Y^{(t-1)}(R_X^{(t)})^{\mathrm{T}}][X^{(t-1)} - C_Y^{(t-1)}U_Y^{(t-1)}(R_X^{(t)})^{\mathrm{T}}]^{\mathrm{T}}\} + \\
& Tr\{[X^{(t-1,t)} - R_X^{(t)}U^{(t-1,t)}(R_Y^{(t-1)})^{\mathrm{T}}](X^{(t-1,t)} - R_X^{(t)}U_X^{(t-1,t)}(R_Y^{(t-1)})^{\mathrm{T}}]^{\mathrm{T}}\} \\
=\ & Tr[X^{(t)}(X^{(t)})^{\mathrm{T}} - 2Tr(X^{(t)}R_X^{(t)}(U_X^{(t)})^{\mathrm{T}}(C_X^{(t)})^{\mathrm{T}}] + \\
& Tr[C_X^{(t)}U_X^{(t)}(R_X^{(t)})^{\mathrm{T}}R_X^{(t)}(U_X^{(t)})^{\mathrm{T}}(C_X^{(t)})^{\mathrm{T}}] + Tr(X^{(t-1)}X^{(t-1)\,\mathrm{T}}) - \\
& 2Tr[X^{(t-1)}R_X^{(t)}(U_Y^{(t-1)})^{\mathrm{T}}(C_Y^{(t-1)})^{\mathrm{T}}] + \\
& Tr[C_Y^{(t-1)}U_Y^{(t-1)}(R_X^{(t)})^{\mathrm{T}}R_X^{(t)}(U_Y^{(t-1)})^{\mathrm{T}}(C_Y^{(t-1)})^{\mathrm{T}}] + \\
& Tr[X^{(t-1,t)}(X^{(t-1,t)})^{\mathrm{T}}] - 2Tr[X^{(t-1,t)}R_Y^{(t-1)}(U^{(t-1,t)})^{\mathrm{T}}(R_X^{(t)})^{\mathrm{T}}] + \\
& Tr[R_X^{(t)}U^{(t-1,t)}(R_Y^{(t-1)})^{\mathrm{T}}R_Y^{(t-1)}(U^{(t-1,t)})^{\mathrm{T}}(R_X^{(t)})^{\mathrm{T}}] \qquad (4.8)
\end{aligned}
$$

令 ξ_{jl},ψ_{kj} 和 ϑ_{ij} 分别为约束 $U_{jl}^{(t)} \geqslant 0$,$R_{kj}^{(t)} \geqslant 0$ 和 $U_{ij}^{(t-1,t)} \geqslant 0$ 对应的 Lagrange 乘子,则目标函数(4.8)的 Lagrange 函数 L 可写为

$$
L = Tr(X^{(t)}X^{(t)\,\mathrm{T}}) - 2Tr[X^{(t)}R_X^{(t)}(U_X^{(t)})^{\mathrm{T}}(C_X^{(t)})^{\mathrm{T}}] +
$$

$$Tr\big[\,\boldsymbol{C}_X^{(t)}\boldsymbol{U}_X^{(t)}(\boldsymbol{R}_X^{(t)})^{\mathrm{T}}\boldsymbol{R}_X^{(t)}(\boldsymbol{U}_X^{(t)})^{\mathrm{T}}(\boldsymbol{C}_X^{(t)})^{\mathrm{T}}\,\big]\,+$$

$$Tr\big[\,\boldsymbol{X}^{(t-1)}(\boldsymbol{X}^{(t-1)})^{\mathrm{T}}\,\big]\,-\,2Tr\big[\,\boldsymbol{X}^{(t-1)}\boldsymbol{R}_X^{(t)}(\boldsymbol{U}_Y^{(t-1)})^{\mathrm{T}}(\boldsymbol{C}_Y^{(t-1)})^{\mathrm{T}}\,\big]\,+$$

$$Tr\big[\,\boldsymbol{C}_Y^{(t-1)}\boldsymbol{U}_Y^{(t-1)}(\boldsymbol{R}_X^{(t)})^{\mathrm{T}}\boldsymbol{R}_X^{(t)}(\boldsymbol{U}_Y^{(t-1)})^{\mathrm{T}}(\boldsymbol{C}_Y^{(t-1)})^{\mathrm{T}}\,\big]\,+$$

$$Tr\big[\,\boldsymbol{X}^{(t-1,t)}(\boldsymbol{X}^{(t-1,t)})^{T}\,\big]\,-$$

$$2Tr\big[\,\boldsymbol{X}^{(t-1,t)}\boldsymbol{R}_Y^{(t-1)}(\boldsymbol{U}^{(t-1,t)})^{\mathrm{T}}(\boldsymbol{R}_X^{(t)})^{\mathrm{T}}\,\big]\,+ \tag{4.9}$$

$$Tr\big[\,\boldsymbol{R}_X^{(t)}\boldsymbol{U}^{(t-1,t)}(\boldsymbol{R}_Y^{(t-1)})^{\mathrm{T}}\boldsymbol{R}_Y^{(t-1)}(\boldsymbol{U}^{(t-1,t)})^{\mathrm{T}}(\boldsymbol{R}_X^{(t)})^{\mathrm{T}}\,\big]\,+$$

$$Tr\big[\,\xi(\boldsymbol{U}_X^{(t)})^{\mathrm{T}}\,\big]\,+\,Tr\big[\,\psi(\boldsymbol{R}_X^{(t)})^{\mathrm{T}}\,\big]\,+\,Tr\big[\,\vartheta(\boldsymbol{U}^{(t-1,t)})^{\mathrm{T}}\,\big]$$

为通过使用 Lagrange 函数对 $\boldsymbol{U}_X^{(t)}$, $\boldsymbol{R}_X^{(t)}$ 和 $\boldsymbol{U}^{(t-1,t)}$ 进行求解, 关于变量 $\boldsymbol{U}_X^{(t)}$, $\boldsymbol{R}_X^{(t)}$ 和 $\boldsymbol{U}^{(t-1,t)}$ 分别对上述 Lagrange 函数 L 求导, 可得

$$\frac{\partial L}{\partial \boldsymbol{U}^{(t)}}=\,-\,2(\boldsymbol{C}_X^{(t)})^{\mathrm{T}}\boldsymbol{X}^{(t)}\boldsymbol{R}_X^{(t)}\,+\,2(\boldsymbol{C}_X^{(t)})^{\mathrm{T}}\boldsymbol{C}_X^{(t)}\boldsymbol{U}_X^{(t)}(\boldsymbol{R}_X^{(t)})^{\mathrm{T}}\boldsymbol{R}_X^{(t)}\,+\,\xi \tag{4.10}$$

$$\frac{\partial L}{\partial \boldsymbol{R}^{(t)}}=\,-\,2(\boldsymbol{X}^{(t)})^{\mathrm{T}}\boldsymbol{C}_X^{(t)}\boldsymbol{U}_X^{(t)}\,+\,2\boldsymbol{R}_X^{(t)}(\boldsymbol{U}_X^{(t)})^{\mathrm{T}}(\boldsymbol{C}_X^{(t)})^{\mathrm{T}}\boldsymbol{C}_X^{(t)}\boldsymbol{U}_X^{(t)}\,-$$

$$(2\boldsymbol{X}^{(t-1)})^{\mathrm{T}}\boldsymbol{C}_Y^{(t-1)}\boldsymbol{U}_Y^{(t-1)}\,+$$

$$2\boldsymbol{R}_X^{(t)}(\boldsymbol{U}_Y^{(t-1)})^{\mathrm{T}}(\boldsymbol{C}_Y^{(t-1)})^{\mathrm{T}}\boldsymbol{C}_Y^{(t-1)}\boldsymbol{U}_Y^{(t-1)}\,- \tag{4.11}$$

$$2\boldsymbol{X}^{(t-1,t)}\boldsymbol{R}_Y^{(t-1)}(\boldsymbol{U}^{(t-1,t)})^{\mathrm{T}}\,+$$

$$2\boldsymbol{R}_X^{(t)}\boldsymbol{U}^{(t-1,t)}(\boldsymbol{R}_Y^{(t-1)})^{\mathrm{T}}\boldsymbol{R}_Y^{(t-1)}(\boldsymbol{U}^{(t-1,t)})^{\mathrm{T}}\,+\,\psi$$

$$\frac{\partial L}{\partial \boldsymbol{U}^{(t-1,t)}}=\,-\,2(\boldsymbol{R}_X^{(t)})^{\mathrm{T}}\boldsymbol{X}^{(t-1,t)}\boldsymbol{R}_Y^{(t-1)}\,+$$

$$2(\boldsymbol{R}_X^{(t)})^{\mathrm{T}}\boldsymbol{R}_X^{(t)}\boldsymbol{U}^{(t-1,t)}(\boldsymbol{R}_Y^{(t-1)})^{\mathrm{T}}\boldsymbol{R}_Y^{(t-1)}\,+\,\vartheta \tag{4.12}$$

为书写方便, 本章的以下部分将 $\boldsymbol{C}_X^{(t)}$ 记为 $\boldsymbol{C}^{(t)}$, $\boldsymbol{U}_X^{(t)}$ 记为 $\boldsymbol{U}^{(t)}$, $\boldsymbol{R}_X^{(t)}$ 记为 $\boldsymbol{R}^{(t)}$, $\boldsymbol{C}_Y^{(t-1)}$ 记为 $\boldsymbol{C}^{(t-1)}$。由 KKT 最优性条件[101, 162]: $\xi_{jl}\boldsymbol{U}_{jl}^{(t)}=0$, $\psi_{kj}\boldsymbol{R}_{kj}^{(t)}=0$, 和 $\vartheta_{ij}\boldsymbol{U}_{ij}^{(t-1,t)}=0$, 可得

$$\big[\,-\,(\boldsymbol{C}^{(t)})^{\mathrm{T}}\boldsymbol{X}^{(t)}\boldsymbol{R}^{(t)}\,+\,(\boldsymbol{C}^{(t)})^{\mathrm{T}}\boldsymbol{C}^{(t)}\boldsymbol{U}^{(t)}(\boldsymbol{R}^{(t)})^{\mathrm{T}}\boldsymbol{R}^{(t)}\,\big]_{jl}\boldsymbol{U}_{jl}^{(t)}\,=\,0 \tag{4.13}$$

$$\big[\,-\,(\boldsymbol{X}^{(t)})^{\mathrm{T}}\boldsymbol{C}^{(t)}\boldsymbol{U}^{(t)}\,+\,\boldsymbol{R}^{(t)}(\boldsymbol{U}^{(t)})^{\mathrm{T}}(\boldsymbol{C}^{(t)})^{\mathrm{T}}\boldsymbol{C}^{(t)}\boldsymbol{U}^{(t)}\,-\,(\boldsymbol{X}^{(t-1)})^{\mathrm{T}}\boldsymbol{C}^{(t-1)}\boldsymbol{U}^{(t-1)}\,+$$

$$\boldsymbol{R}^{(t)}(\boldsymbol{U}^{(t-1)})^{\mathrm{T}}(\boldsymbol{C}^{(t-1)})^{\mathrm{T}}\boldsymbol{C}^{(t-1)}\boldsymbol{U}^{(t-1)}\,-\,\boldsymbol{X}^{(t-1,t)}\boldsymbol{R}^{(t-1)}(\boldsymbol{U}^{(t-1,t)})^{\mathrm{T}}\,+$$

$$\boldsymbol{R}^{(t)}\boldsymbol{U}^{(t-1,t)}(\boldsymbol{R}^{(t-1)})^{\mathrm{T}}\boldsymbol{R}^{(t-1)}(\boldsymbol{U}^{(t-1,t)})^{\mathrm{T}}\,\big]_{kj}\boldsymbol{R}_{kj}^{(t)}\,=\,0 \tag{4.14}$$

$$\left[- (\boldsymbol{R}^{(t)})^{\mathrm{T}} \boldsymbol{X}^{(t-1,t)} \boldsymbol{R}^{(t-1)} + (\boldsymbol{R}^{(t)})^{\mathrm{T}} \boldsymbol{R}^{(t)} \boldsymbol{U}^{(t-1,t)} (\boldsymbol{R}^{(t-1)})^{\mathrm{T}} \boldsymbol{R}^{(t-1)} \right]_{ij} \boldsymbol{U}_{ij}^{(t-1,t)} = 0 \tag{4.15}$$

根据式(4.13)—式(4.15),分别求得变量 $\boldsymbol{U}^{(t)}$,$\boldsymbol{R}^{(t)}$ 和 $\boldsymbol{U}^{(t-1,t)}$ 的更新公式为

$$\boldsymbol{U}_{jl}^{(t)} \leftarrow \boldsymbol{U}_{jl}^{(t)} \frac{\left[(\boldsymbol{C}^{(t)})^{\mathrm{T}} \boldsymbol{X}^{(t)} \boldsymbol{R}^{(t)} \right]_{jl}}{\left[(\boldsymbol{C}^{(t)})^{\mathrm{T}} \boldsymbol{C}^{(t)} \boldsymbol{U}^{(t)} (\boldsymbol{R}^{(t)})^{\mathrm{T}} \boldsymbol{R}^{(t)} \right]_{jl}} \tag{4.16}$$

$$\boldsymbol{R}_{kj}^{(t)} \leftarrow \boldsymbol{R}_{kj}^{(t)}$$
$$\frac{\left[(\boldsymbol{X}^{(t)})^{\mathrm{T}} \boldsymbol{C}^{(t)} \boldsymbol{U}^{(t)} + (\boldsymbol{X}^{(t-1)})^{\mathrm{T}} \boldsymbol{C}^{(t-1)} \boldsymbol{U}^{(t-1)} + \boldsymbol{X}^{(t-1,t)} \boldsymbol{R}^{(t-1)} (\boldsymbol{U}^{(t-1,t)})^{\mathrm{T}} \right]_{kj}}{\left[\boldsymbol{R}^{(t)} (\boldsymbol{U}^{(t)})^{\mathrm{T}} (\boldsymbol{C}^{(t)})^{\mathrm{T}} \boldsymbol{C}^{(t)} \boldsymbol{U}^{(t)} + \boldsymbol{R}^{(t)} (\boldsymbol{U}^{(t-1)})^{\mathrm{T}} (\boldsymbol{C}^{(t-1)})^{\mathrm{T}} \boldsymbol{C}^{(t-1)} \boldsymbol{U}^{(t-1)} + \boldsymbol{R}^{(t)} \boldsymbol{U}^{(t-1,t)} \boldsymbol{R}^{(t-1)^{\mathrm{T}}} \boldsymbol{R}^{(t-1)} (\boldsymbol{U}^{(t-1,t)})^{\mathrm{T}} \right]_{kj}} \tag{4.17}$$

$$\boldsymbol{U}_{ij}^{(t-1,t)} \leftarrow \boldsymbol{U}_{ij}^{(t-1,t)} \frac{\left[(\boldsymbol{R}^{(t)})^{\mathrm{T}} \boldsymbol{X}^{(t-1,t)} \boldsymbol{R}^{(t-1)} \right]_{ij}}{\left[(\boldsymbol{R}^{(t)})^{\mathrm{T}} \boldsymbol{R}^{(t)} \boldsymbol{U}^{(t-1,t)} (\boldsymbol{R}^{(t-1)})^{\mathrm{T}} \boldsymbol{R}^{(t-1)} \right]_{ij}} \tag{4.18}$$

关于 STClu 算法的目标函数式(4.7)的迭代更新式(4.16)、式(4.17)和式(4.18)的收敛性分析及相关证明与算法 EC-NMF 算法的证明类似,在此不再赘述。

4.4　STClu 算法描述及其分析

4.4.1　算法描述

第 4.3 节给出了本章所提出的聚类模型 STClu 的目标函数和求解过程,本节将对其进行描述。由于原始数据矩阵 $\boldsymbol{X}$ 和 $\boldsymbol{Y}$ 的低秩近似子空间构建方法相同,本节仅以消除原始数据矩阵 $\boldsymbol{X}$ 中线性依赖的列为例对其构建进行描述。基于 Colibri 方法[120, 159] 构建原始数据矩阵 $\boldsymbol{X}$ 的线性独立的低秩近似子空间 $\boldsymbol{C}$ 的具体过程如下:

①基于抽样方法运用数据矩阵 $\boldsymbol{X}$ 对子空间 $\boldsymbol{C}_0$ 进行初始化,子空间 $\boldsymbol{C}$ 通过 $\boldsymbol{C} = \boldsymbol{C}_0(:,1)$ 进行初始化。其中,核心矩阵 $\boldsymbol{I} = (\boldsymbol{C}^{\mathrm{T}} \boldsymbol{C})^{-1}$,$(\boldsymbol{C}^{\mathrm{T}} \boldsymbol{C})^{-1}$ 是

平方矩阵 $C^T C$ 的 Moore-Penrose 伪逆。

②通过迭代的方法判断新加入 C_0 的列与当前 C 中的列是否线性相关。如果线性无关,将该列加入 C,更新核心矩阵 I;否则,放弃此次采样。此过程一直迭代直到消除掉原始矩阵 X 中所有冗余的列,得到新的低秩近似子空间矩阵 C。原始矩阵 X 的近似计算为 $\widetilde{X} = C(C^T C)^{-1} C^T X$。因为核心矩阵 $I = (C^T C)^{-1}$,如果将 J 定义为 $J = C^T X$,则矩阵 X 的近似可以写为 $\widetilde{X} = CIJ$。邻接矩阵 X 及其近似矩阵 $\widetilde{X}$ 的误差可通过式(4.19)进行计算,即

$$SSE = \| X - \widetilde{X} \|_F^2 = \sqrt{\sum_{i,j} \left[X(i,j) - \widetilde{X}(i,j) \right]^2} \qquad (4.19)$$

③通过 Colibri 方法得到 $C_c^{(t)}$ 和 $\widetilde{X}^{(t)}$,以及两个不相交的子集 $C_a^{(t)}$ 和 $C_b^{(t)}$($C_c^{(t)} = C_a^{(t)} \cup C_b^{(t)}$)。其中,$C_a^{(t)}$ 表示从时间步 $t-1$ 到 t 时无变化的采样列;$C_b^{(t)}$ 表示两个时间步之间变化了的或没有选择的采样列。

④通过 Colibri-S 得到 $C_b^{(t)}$ 的独立采样子集。当有更多的列加入 $C^{(t)}$ 时,同时更新核心矩阵 $I^{(t)}$。通过 $J^{(t)} = (C^{(t)})^T A^{(t)}$ 得到 $J^{(t)}$。

给定 $X^{(t)}$,$X^{(t-1)}$,以及时间步 $t-1$ 的聚类结果,包括 $\widetilde{X}^{(t-1)}$,$C_c^{(t-1)}$,$U^{(t-1)}$,和 $R^{(t-1)}$。算法 STClu 详细描述见表 4.1。

表 4.1　STClu 算法的伪代码描述

STClu 算法
输入:矩阵 $X^{(t)}$, $Y^{(t-1)}$, $X^{(t-1,t)}$, $C_Y^{(t-1)}$, $R_Y^{(t-1)}$ 和 $U_Y^{(t-1)}$,聚类数目 $k^{(t)}$,最大迭代次数 T
输出:矩阵 $U_X^{(t)}$, $R_X^{(t)}$ 和 $U^{(t-1,t)}$
①使用 Colibri 方法获得 $C_X^{(t)}$
②确定聚类数目 $k^{(t)}$
③分别使用 $R_r^{(t-1)}$, $U_r^{(t-1)}$, $U^{(t-1),t}$ 初始化矩阵 $R_Y^{(t-1)}$, $U_Y^{(t-1)}$ 和 $U^{(t-1),t}$, respectively
④if 需要一个新的划分

续表

STClu 算法
转⑥
⑤else 　$\boldsymbol{R}_X^{(t)} = \boldsymbol{R}_Y^{(t-1)}$，$\boldsymbol{U}_X^{(t)} = \boldsymbol{U}_Y^{(t-1)}$，并返回
⑥while 不收敛并且 $t \leqslant T$ 　1）根据式（4.16）更新 $\boldsymbol{U}_X^{(t)}$ 　2）根据式（4.17）更新 $\boldsymbol{R}_X^{(t)}$ 　3）根据式（4.18）更新 $\boldsymbol{U}^{(t-1,t)}$
⑦end while
⑧返回 $\boldsymbol{U}_X^{(t)}$，$\boldsymbol{R}_X^{(t)}$ 和 $\boldsymbol{U}^{(t-1,t)}$

4.4.2　复杂度分析

下面讨论提出的算法 STClu 的时间复杂度。该算法的时间复杂度主要包括矩阵分解和多次迭代求解。

在矩阵分解阶段，主要用于分解出 3 个小的矩阵，计算复杂度 $\boldsymbol{C}^{(t)}$，$\boldsymbol{U}^{(t)}$ 和 $\boldsymbol{R}^{(t)}$。$\boldsymbol{C}^{(t)}$ 的计算复杂度为 $O(c^2 n)$。其中，c_1 和 c_0 分别为时间步 $t+1$ 和 t 时的子空间大小，n_1 和 n_0 分别为时间步 $t+1$ 和 t 时的输入矩阵的大小，$c = \max\{c_1, c_0\}$，$n = \max\{n_1, n_0\}$。在第一次迭代时，$\boldsymbol{U}^{(t)}$ 的时间为 $O(c_1 n_1 k_1)$，$\boldsymbol{R}^{(t)}$ 的时间复杂度为 $O(c n k_1)$。其中 k_1 是第 t 时刻的聚类数目。

假设算法的最大迭代次数为 T，关于 $\boldsymbol{U}^{(t)}$，$\boldsymbol{R}^{(t)}$ 和 $\boldsymbol{U}^{(t-1,t)}$ 的更新式（4.16）、式（4.17）和式（4.18）需要迭代 T 次，算法 STClu 的总的时间复杂度为 $O(c n^2 + T c n k)$。

4.5　仿真实验及结果分析

本节基于合成数据集和实测数据集,通过与现有的相关算法进行比较,验证本章所提出的 STClu 算法的聚类性能。首先,对验证算法 STClu 性能的实验进行设计,以及评估方法进行描述;其次,对本实验所需要的数据集进行简单描述;最后,给出所得的实验结果,并对其进行相关分析。

4.5.1　比较算法及参数设置

为评估算法 STClu 的性能,本章选择了 3 种相关的算法与提出的方法进行比较。具体的比较算法描述如下:

①KM:传统的直接对原始数据聚类的 K-means 算法。

②AccKM[97]:历史数据与当前数据相结合的 K-means 算法。

③NMTF[156]:基于非负矩阵三分解的聚类算法。

在这 4 种算法中,KM 和 AccKM 属于单边聚类算法,NMTF 和 STClu 属于联合聚类算法。KM 算法与 NMTF 算法聚类的是当前网络当前时间的数据。AccKM 算法聚类的是当前网络当前时间与当前网络的上一时间步的数据。STClu 算法聚类的是当前网络当前时刻与空间相关网络的上一时间步的数据。

在下面的实验中,将通过 ACC 和 NMI 对参与比较的算法进行评价,ACC 和 NMI 的定义如 3.5.1 小节所述。

4.5.2　合成数据集上的实验结果及分析

本实验继续使用 3.5.2 小节的合成数据集生成方式。为了测试算法应用于随时间不断演化的流式数据的性能,不同时间步时的数据集见表 4.2。

表 4.2　合成数据集描述

时间步	数据集描述
t_1	随机选择 200 条流式数据,选择 50 条流式数据作为一类,共分类 4 类
t_2	将每一个类中的数据增加一些噪声处理
t_3	与 t_2 时的数据集相同
t_4	选择其中一类,增加一些新的数据
t_5	与 t_4 时的数据集相同
t_6	选择其中一类,删除一些数据
t_7	与 t_6 时的数据集相同
t_8	重新生成 200 条流式数据,作为一类插入数据集之中
t_9	与 t_8 时的数据集相同
t_{10}	随机选择一类,将其删除

首先,为了测试聚类效果随聚类数 k 变化的趋势,考虑了聚类数 2~20 变化时各个算法的聚类性能。

基于合成数据集的各算法的 ACC 和 NMI 见表 4.3。通过表 4.3 可以发现,算法 STClu 因为考虑了历史信息的影响和历史信息与当前信息之间的关联关系,所以整体上优于其他 3 种算法。AccKM 算法较之其他算法较优的原因是其考虑了历史信息的影响。NMTF 算法的聚类效果优于 KM 算法的原因是因为不仅考虑数据的数据结构还考虑数据的特征结构。

表 4.3　不同聚类数时,基于合成数据集的 4 种算法聚类性能

（a）ACC

k	KM	AccKM	NMTF	STClu
2	0.395 9	0.495 4	0.544 9	0.654 2
4	0.385 5	0.474 0	0.512 0	0.643 6

续表

k	KM	AccKM	NMTF	STClu
5	0.377 3	0.468 5	0.520 5	0.675 7
6	0.371 0	0.486 6	0.542 5	0.560 3
8	0.386 4	0.463 6	0.489 3	0.603 8
10	0.371 1	0.454 0	0.491 9	0.623 1
12	0.389 6	0.480 2	0.523 1	0.586 8
15	0.381 9	0.472 8	0.510 2	0.483 4
18	0.412 1	0.482 7	0.508 2	0.529 3
20	0.401 9	0.527 5	0.611 0	0.651 6
平均值	0.387 3	0.480 5	0.525 4	0.601 2

（b）NMI

k	KM	AccKM	NMTF	STClu
2	0.348 0	0.513 0	0.589 5	0.674 9
4	0.414 8	0.523 3	0.441 6	0.696 7
5	0.381 0	0.501 6	0.578 1	0.612 2
6	0.416 2	0.543 0	0.604 1	0.605 9
8	0.425 7	0.524 7	0.509 8	0.702 2
10	0.396 0	0.515 4	0.408 2	0.723 8
12	0.405 1	0.508 8	0.591 6	0.542 1
15	0.418 0	0.520 7	0.525 2	0.628 1
18	0.431 5	0.578 6	0.585 0	0.582 3
20	0.417 1	0.582 3	0.439 0	0.629 9
平均值	0.405 3	0.531 1	0.527 2	0.639 8

为测试 4 种算法随时间变化的聚类性能,在不同的时间步上对算法的聚类性能进行测试。基于合成数据集的 4 个算法在不同时间步上的 ACC 和 NMI 见表 4.4。

表 4.4　不同时间步时,基于合成数据集的 4 种算法聚类性能

(a) ACC

时间步	KM	AccKM	NMTF	STClu
1	0.267 1	0.267 1	0.326 2	0.405 2
2	0.277 7	0.315 7	0.334 0	0.505 3
3	0.280 5	0.310 2	0.305 7	0.510 0
4	0.271 6	0.307 4	0.275 3	0.508 3
5	0.274 4	0.305 4	0.330 3	0.514 0
6	0.278 2	0.309 0	0.310 4	0.502 8
7	0.282 3	0.326 3	0.328 3	0.507 7
8	0.277 9	0.327 5	0.284 5	0.509 1
9	0.257 6	0.340 9	0.381 0	0.502 7
10	0.248 0	0.325 6	0.362 7	0.508 6
平均值	0.271 5	0.317 1	0.323 8	0.507 4

(b) NMI

时间步	KM	AccKM	NMTF	STClu
1	0.279 6	0.279 6	0.324 8	0.505 2
2	0.290 8	0.318 4	0.327 6	0.506 5
3	0.289 5	0.301 9	0.327 9	0.547 7
4	0.283 8	0.285 6	0.316 2	0.532 3
5	0.284 2	0.311 5	0.316 5	0.583 6
6	0.287 8	0.303 5	0.319 3	0.483 9

续表

时间步	KM	AccKM	NMTF	STClu
7	0.298 3	0.320 8	0.321 4	0.527 7
8	0.296 7	0.299 9	0.306 9	0.539 5
9	0.288 1	0.379 6	0.334 6	0.483 4
10	0.277 9	0.375 9	0.342 3	0.535 0
平均值	0.287 7	0.320 6	0.323 8	0.524 5

通过表 4.4 可以看出,STClu 算法整体优于其他 3 种算法,NMTF 算法在大多数时间步优于 AccKM 算法,AccKM 考虑了历史信息的影响,除第一步外,大多数时间步上优于 KM 算法。

为了测试 STClu 算法的适应性和鲁棒性,本节从聚类数目的变化和流式数据数目的变化两方面进行了测试,实验结果如图 4.3 所示。从图 4.3 的实验结果可以看出,算法 STClu 的 ACC 和 NMI 有所变化,但是,都是在有限的范围内变化,并且这种变化也可能是受数据集本身的影响所导致的。

为了测试算法的效率,本节从聚类数目的增加和流式数据数目的增长两个方面进行了验证。

首先,聚类数 k 在 5~300 变化时,每一个时间步的流式数据数目为2 000,每一条流式数据包括 1 024 个数据点,实验结果如图 4.4 所示。其中,y-axis 为算法的平均处理时间,x-axis 为聚类数的变化。

其次,流式数据数目 n 在 50~2 000 变化时,每一条流式数据包括1 024 个数据点,每一个时间步的聚类数目 $k=32$,实验结果如图 4.5 所示。其中,y-axis 为算法的平均处理时间,x-axis 为流式数据数目的变化。

通过图 4.4 和图 4.5 可以看出,随着聚类数的变化和流式数据数目的增长,各个算法的执行时间均有所增长。但是,算法 STClu 与 NMFT 算法的处理时间增长速度较之 KM 和 AccKM 算法比较缓慢。其原因在于,基

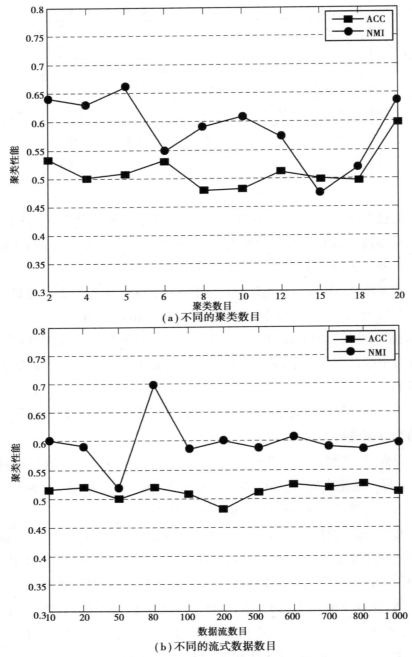

（a）不同的聚类数目

（b）不同的流式数据数目

图 4.3　STClu 算法的稳定性分析

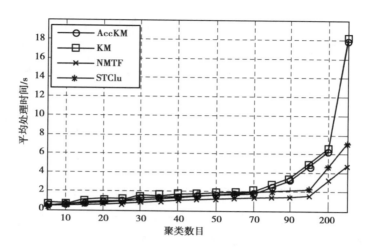

图 4.4　当聚类数 k 从 5~300 时, 4 种算法的平均处理时间比较

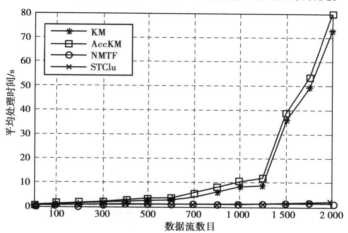

图 4.5　当流式数据数 n 从 50~2 000 时, 4 种算法的平均处理时间比较

于矩阵分解的 STClu 和 NMTF 算法在处理高维数据的聚类时进行了低秩近似处理。因为算法 STClu 嵌入了先验信息, 所以其处理时间略高于NMFT 算法。但是, 从平均处理时间的整体趋势可以发现, 两者的增长趋势基本一致。

4.5.3　实测数据集上的实验结果及分析

为了测试 STClu 算法应用于具有时空特性的交通多流式数据聚类时

的效果,本实验的实测数据集采用交通状态监控中所获取的实测数据进行验证。该交通数据集为重庆市某高速公路 24 h×7 d 的道路交通状态记录。本实验选择了重庆北碚隧道、绕城路段、西山坪隧道、渝武路段的从 2014 年 5 月 12 日至 2014 年 5 月 18 日共 7 天的由固定检测器所获取的交通流式数据。为了测试不同条件下 STClu 算法的实际效果,本实验中将所获取的交通数据集划分为以下 3 类:

(1)**实测数据集 1**

除去异常检测器所检测的数据以及所检测到的异常数据,以每一个检测器检测的交通流量数据为一条流式数据,该数据集包括了 42 个不同来源的流式数据,每条流式数据包括 2 016 个数据记录。本实验的任务是根据不同固定检测点所检测的不同方向以及不同所检测的不同路段交通状态参数,将 42 条不同来源的流式数据分为 8 类,如图 4.6 所示。

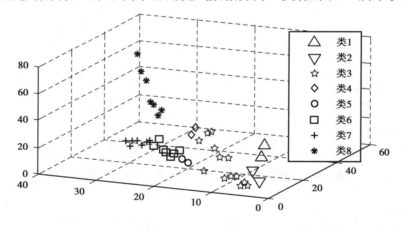

图 4.6　以空间位置的实测数据集 1 分类

(2)**实测数据集 2**

除了异常数据和检测器未采集到的数据记录,以每一个检测器检测的交通流量数据为一条流式数据,该数据集包括 42 个不同来源的流式数据,共有 2 016×42 个记录。本实验的任务是根据多个不同的检测器所采集的交通流量数据的相似性,将每一天的数据记录进行分类,如从星期一到星期日,共分为 7 类,如图 4.7 所示。

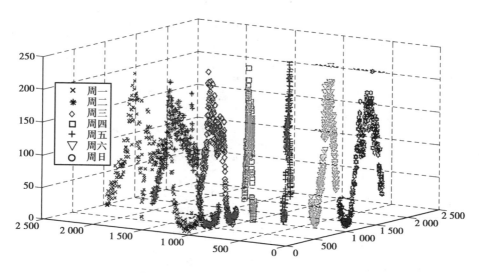

图 4.7　以天为单位的实测数据集 2 的分类

（3）实测数据集 3

以每一个检测器检测所获得的表征交通状态的 32 维特征为对象,该数据集包括 42 个不同来源的交通状态记录,共有 32×42 = 1 344 个特征。本实验的任务是根据多个不同的检测器所采集的表征交通状态的 1 344 个特征,在以天为单位的每一时间步,将 288×1 344 个记录分成 8 类,一共包括 7 个时间步。实测数据集的基本属性描述见表 4.5。

表 4.5　实测数据集描述

数据集	采样数 n	特征数 m	聚类数目 k
实测数据集 1	42	2 016	8
实测数据集 2	2 016	42	7
实测数据集 3	288	1 344	8

为了测试 4 种算法在聚类数变化时的聚类效果,基于实测数据集 1,将 20 次实验所得的不同算法的平均聚类性能进行比较。不同聚类数时的聚类性能见表 4.6 和表 4.7,包括 ACC 和标准互信息 NMI。

表 4.6　4 种算法在实测数据集 1 上的聚类准确率

k	KM	AccKM	NMTF	STClu
2	0.229 4	0.309 9	0.473 3	0.623 9
3	0.206 0	0.299 7	0.418 3	0.586 3
4	0.225 5	0.301 1	0.399 9	0.623 6
5	0.213 0	0.302 4	0.456 1	0.660 4
6	0.207 3	0.288 2	0.476 4	0.625 7
7	0.192 9	0.289 9	0.408 7	0.630 5
8	0.199 8	0.302 4	0.420 9	0.633 4
10	0.200 4	0.305 3	0.478 9	0.625 8
平均值	0.209 3	0.299 9	0.441 6	0.626 2

表 4.7　4 种算法在实测数据集 1 上的 NMI

k	KM	AccKM	NMTF	STClu
2	0.271 7	0.305 4	0.435 0	0.532 1
3	0.244 0	0.295 3	0.384 5	0.500 0
4	0.267 1	0.296 7	0.367 6	0.531 8
5	0.252 3	0.298 0	0.419 2	0.563 3
6	0.245 5	0.284 0	0.437 9	0.533 6
7	0.228 4	0.285 7	0.375 6	0.537 7
8	0.236 6	0.298 0	0.386 9	0.540 2
10	0.237 3	0.300 9	0.440 2	0.533 7
平均值	0.247 9	0.295 5	0.405 9	0.534 1

　　由表 4.6 和表 4.7 的结果可知,NMTF 和 STClu 算法比 K-means 和 AccKM 算法的聚类质量好。其原因在于提出的 STClu 算法和 NMTF 是双

边聚类,并且考虑了数据的几何结构信息。

为了测试算法 STClu 在多维特征时的聚类效果,4 种算法在实测数据集 2 上的 ACC 和 NMI 分别见表 4.8、表 4.9。

表 4.8　4 种算法在实测数据集 2 上的聚类准确率

k	KM	AccKM	NMTF	STClu
2	0.367 8	0.361 3	0.482 8	0.545 6
3	0.330 3	0.349 4	0.426 7	0.512 7
4	0.361 5	0.351 0	0.408 0	0.545 3
5	0.341 5	0.352 6	0.465 3	0.577 5
6	0.332 3	0.336 0	0.486 0	0.547 1
7	0.309 2	0.338 0	0.416 9	0.551 3
8	0.320 3	0.352 6	0.429 4	0.553 8
平均值	0.337 6	0.348 7	0.445 0	0.547 6

表 4.9　4 种算法在实测数据集 2 上的 NMI

k	KM	AccKM	NMTF	STClu
2	0.320 5	0.314 8	0.420 7	0.475 4
3	0.287 8	0.304 4	0.371 8	0.446 7
4	0.315 0	0.305 9	0.355 5	0.475 1
5	0.297 5	0.307 2	0.405 4	0.503 2
6	0.289 6	0.292 7	0.423 5	0.476 7
7	0.269 4	0.294 5	0.363 3	0.480 4
8	0.279 1	0.307 2	0.374 2	0.482 6
平均值	0.294 1	0.303 8	0.387 8	0.477 2

由表 4.8 和表 4.9 的结果可以看出,考虑了数据几何结构信息的 STClu 和 NMTF 算法的聚类性能整体上优于 KM 和 AccKM 算法。

为了测试历史信息对聚类效果的影响,4 种算法用于实测数据集 3 上的 10 次实验得到的平均聚类效果进行比较,时间步的聚类结果见表 4.10 和表 4.11,包括聚类准确率 ACC 和标准互信息 NMI。

表 4.10　4 种算法在实测数据集 3 上的聚类准确率

k	KM	AccKM	NMTF	STClu
2	0.377 3	0.383 7	0.444 3	0.541 3
3	0.361 0	0.377 7	0.408 5	0.494 4
4	0.374 6	0.395 0	0.399 5	0.501 7
5	0.365 9	0.376 5	0.430 5	0.548 8
6	0.361 9	0.391 7	0.432 6	0.543 7
7	0.351 8	0.380 6	0.397 3	0.509 6
8	0.356 7	0.384 2	0.411 6	0.517 5
平均值	0.364 2	0.384 2	0.417 8	0.522 4

表 4.11　4 种算法在实测数据集 3 上的 NMI

k	KM	AccKM	NMTF	STClu
2	0.326 9	0.321 1	0.429 2	0.485
3	0.293 6	0.310 6	0.379 3	0.555 7
4	0.321 3	0.312	0.362 7	0.584 7
5	0.303 5	0.313 4	0.413 6	0.513 3
6	0.295 4	0.298 6	0.432	0.586 3
7	0.274 8	0.300 4	0.370 6	0.490 1
8	0.284 7	0.313 4	0.381 7	0.592 3
平均值	0.300 0	0.309 9	0.395 6	0.543 9

由表 4.10 和表 4.11 的结果可知,考虑了历史信息和几何结构信息的

STClu 算法的 ACC 和 NMI 均优于其他 3 种相关方法。NMTF 算法总体上优于 AccKM 和 KM 算法。AccKM 算法优于没有考虑历史信息的K-means聚类性能。

4.6　本章小结

　　本章考虑多个断面的交通流式数据随时间和空间不断发生变化的特性,结合基于 NMTF 联合聚类的研究现状,提出了基于非负矩阵三分解的交通多流式数据联合聚类框架 STClu。首先,根据两个或者两个以上相邻数据统计点的断面交通参数之间的相互关系,建立具有空间相关的任意两条流式数据之间的关系模型。其次,为了维持随时空变化一致的聚类结果,STClu 算法还嵌入了历史的聚类结果信息。最后,对本章所提出的 STClu 算法进行了理论分析和实验验证。基于合成数据集和实测数据集对所提出的 STClu 方法进行了实验验证。仿真实验结果表明,提出的算法 STClu 比已有的相关的方法具有较好的聚类性能。

第5章

基于谱图理论的交通多流式数据演化趋势发现算法

第4章与第5章基于矩阵分解聚类的思想,研究了具有时空特性的交通多流式数据的聚类算法。本章以一个道路网中的多个断面交通流式数据为研究对象,将以流式数据为单位的交通多流式数据聚类问题转化为邻接图的聚类。考虑到交通流式数据之间的滞后相关性,基于Pearson相关计算的思想,给出了流式数据环境下多数据的滞后相关系数计算过程。从交通流式数据变化的角度,基于谱图理论的相关工作,研究随时间不断演变的交通流式数据的演化趋势发现方法。

5.1 相关工作

近年来,谱聚类算法在聚类分析和图划分等方面得到了成功的应用[102,132,163-165]。与传统的建立在凸分布基础上的聚类算法(如K-means,EM等)相比,谱聚类(spectral clustering)依赖于数据相似度矩阵的特征结构,当数据分布空间不为凸时,基于谱图理论的谱聚类算法也能收敛于全局最优。下面将对谱聚类的相关概念进行简单的描述。

（1）**图的基本概念**

令 $G = (V, E)$ 为构造的图，其中结点 V 表示 n 个数据点 $X = \{x_1, \cdots, x_n\} \in \mathbf{R}^{m \times n}$，$E$ 是边的。假设图 G 是带权重的加权图，即任意两个顶点 v_i 和 v_j 之间的边具有非负的权值 $w_{ij} \geq 0$，图 G 的加权连接矩阵由相似度矩阵 $\mathbf{W} \in \mathbf{R}^{n \times n}$ 给出。$w_{ij} = 0$ 表示顶点 v_i 和 v_j 之间没有连接。G 是无向图，则 $w_{ij} = w_{ji}$。顶点 $v_i \in V$ 的度定义为：$D_i = \sum_{j=1}^{n} w_{ij}$。这个求和仅计算所有与 v_i 相连的顶点，因为对与 v_i 不相连的顶点 v_j，权重值 $w_{ij} = 0$。度矩阵 $\mathbf{D}$ 为对角矩阵，对角线元素为 $D_1, D_2, \cdots, D_n$。

（2）**构建邻接图**

将数据集合 $x_1, x_2, \cdots, x_n$ 及对应的顶点与顶点之间相似度 w_{ij} 或顶点与顶点之间距离 d_{ij} 转换到图结构的常用方法如下：

1）ε-近邻图

根据顶点与顶点间距离小于 ε 进行构建，由此构建的图为无加权图。由于所有连接顶点与顶点之间的距离都不超过 ε，对图中边的加权不会在图中引入更多关于数据的信息。

2）k-近邻图

如果顶点 v_j 是顶点 v_i 的 k 近邻，则连接顶点 v_i 和 v_j。但是，由于近邻关系的不对称特性，由其得到 k-近邻图是有向图。下面将介绍两种将有向图转换为构建无向图的方法。

①通过忽略边的方向性进行构建，即如果 v_j 是顶点 v_i 的 k 近邻或 v_i 是顶点 v_j 的 k 近邻，用无向边连接 v_i 和 v_j 得到 k-近邻图。

②通过相互 k-近邻构建，即如果 v_j 是顶点 v_i 的 k 近邻且 v_i 是顶点 v_j 的 k 近邻，则连接 v_i 和 v_j。

3）全连接图

通过计算顶点与顶点之间的相似度来进行构建，用 w_{ij} 对边进行加权。如通过 Gaussian 相似度函数 $w_{ij} = \exp(-||x_i - x_j||^2 / \sigma^2)$ 对相似度进行计算，得到能够表征局部近邻关系似度矩阵。其中，参数 σ 的作用与 ε-

近邻中的 ε 的作用类似,用于控制近邻的宽度。

（3）**图的 Laplacian 及其性质**

谱聚类的思想源于谱图理论,是一类技术基于图拉普拉斯矩阵特征值分解的方法,利用图的 Laplacian 矩阵前 k 个最小特征值所对应的特征向量,在谱映射空间 R^k 中利用某种聚类算法（如 K-means）将图结点聚类成 k 个簇。图拉普拉斯矩阵有未规范化的图 Laplacian、规范化且对称的图 Laplacian 和规范化且非对称的图 Laplacian 矩阵 3 种形式。

1）未规范化的图 Laplacian

未规范化的 Laplacian 矩阵定义为 $L = D - W$[166],该矩阵不依赖于连接矩阵 W 对角线上的元素。如果连接矩阵对角线之外的元素与 W 相同的话,则得到相同的未规范化的图 Laplacian 矩阵 L。

2）规范化图 Laplacian

规范化的图 Laplacian 又可分为对称和非对称的 Laplacian 矩阵两类。规范且对称的图 Laplacian 矩阵定义为：$L_{sym} = D^{-1/2} L D^{-1/2} = I - D^{-1/2} W D^{-1/2}$；规范且非对称的 Laplacian 矩阵定义为：$L_{rw} = D^{-1} L = I - D^{-1} W$。

实验和统计结果表明,规范化且对称的 Laplacian 矩阵优于其他两种,尤其是当聚簇数据倾斜分布时（有些聚簇密集,有些聚簇稀疏）[167-168]。对于谱聚类而言,L_{sym} 和 L_{rw} 是等效的[169]。

5.2　问题描述

继续采用图论的描述方法,把 n 条流式数据的集合 $S^n = \{ S_1, \cdots, S_n \}$ 中的每个流式数据 $S_i (i = 1, \cdots, n)$ 都看作一个结点,将能够描述 S^n 集合的图记为 $G = (V, E)$。其中,顶点集 $V = \{ S_1, \cdots, S_n \}$,$E = \{ e_{ij} | S_i, S_j, i \neq j, i, j = 1, \cdots n \}$ 是图 G 中边的集合。

给定固定窗口大小 w,边 e_{ij} 在时间区间 $[t-w+1, t]$ 内的权重 ρ_{ij} 度量了两条流式数据在时间区间内变化的相关性。多流式数据集合 S^n 的相似

度矩阵为图 G 在时间区间 $[t-w+1,t]$ 内的邻接矩阵 $\Omega(w)=(\rho_{ij}(w))_{i,j=1,\cdots,n}$。$\forall S_i,S_j \in S^n$ 的相关系数由 $\rho_{ij}(w)$ 进行度量。S^n 在时间区间 $[t-w+1,t]$ 上的图聚类模型定义为：$C_k(w)=\{C_1,C_2,\cdots,C_k\}$，$k$ 为聚类数目。C_i 是由一系列相似的流式数据组成，即 $C_i(w)=\{S_1,\cdots,S_{|C_i(w)|}\}$。其中，$|C_i(w)|$ 是 $C_i(w)$ 中流式数据的数目。C_i 满足以下条件：

① $\bigcup\limits_{i=1}^{k}C_i(w)=\{S_1(w),S_2(w),\cdots,S_n(w)\}$。

② $\forall i \neq j, C_i(w) \cap C_j(w) = \varnothing$。

为了能够根据相似度矩阵对 n 条流式数据进行聚类划分所得到的聚类模型，进而发现在某一时间区间内的多流式数据之间耦合关系的演化特性，本书借助文献[170]提出的多流式数据演化趋势发现思想，将交通多流式数据全局演化事件的定义如下：

给定采样时间区间 $[s,e]$，流式数据集合 S^n 的全局演化事件划分定义为满足下列条件的时刻集合 $T=\{t_1,t_2,\cdots,t_m,t_{m+1}\}$，其中：

① $t_1=s, t_{m+1}=e$。

②全局时间被划分为 m 个时间窗口 $w_1,w_2,\cdots,w_m$。

③相邻时间窗口 w_i,w_{i+1} 的聚类模型不同。

5.3　交通多流式数据的滞后相关性度量

多流式数据的聚类目的是找出具有相似演化方式的流式数据类，选取合适的相似性度量方法是需要解决的中心问题之一。

相似性度量方法主要可分为基于距离和基于相关系数的方法两类。例如，Euclidean 距离、Minkowski 距离、Manhatan 距离、Chebyshev 距离等为常用的基于距离的相似性度量方法。又如，数量积法、夹角余弦法、Pearson 法等为常用的基于相关系数的相似性计算方法。相关性作为数理统计的经典概念，基于相关系数的方法某种程度上可体现对象之间的相似程度。本书选取最常用的相关性系数计算方法 Pearson 作为基础，给出流式数据环境下的滞后相关性系数计算过程。

给定任意的随机变量 $X = \{x_1, x_2, \cdots, x_n\}$ 和 $Y = \{y_1, y_2, \cdots, y_n\}$，Pearson 相关性系数的定义为

$$\rho(X, Y) = \frac{\sum_i (x_i - \bar{x})(y_i - \bar{y})}{\sqrt{\sum_i (x_i - \bar{x})^2 (y_i - \bar{y})^2}} \qquad i = 1, 2, \cdots, n \qquad (5.1)$$

其中

$$\bar{x} = \frac{1}{n} \sum_{i=1}^{n} x_i, \quad \bar{y} = \frac{1}{n} \sum_{i=1}^{n} y_i$$

相关性系数 ρ 描述了两个变量间的相关性程度，$-1 \leqslant \rho \leqslant 1$。若 $\rho > 0$，表明两个变量正相关；反之，为负相关。

预定义时间窗口 w 内的任意一条流式数据记为 $S_i^{(w)}$，任意两条不同的流式数据都可看作两个独立的随机变量，结合式(5.1)，流式数据 $S_i^{(w)}$ 和 $S_j^{(w)}$ 之间的 Pearson 相关系数计算为

$$\rho(S_i^{(w)}, S_j^{(w)}) = \frac{\sum_{t=1}^{t=w} S_i^{(t)} S_j^{(t)} - \sum_{t=1}^{t=w} S_i^{(t)} \sum_{t=1}^{t=w} S_j^{(t)}}{\sqrt{\sum_{t=1}^{t=w} (S_i^{(t)} - \bar{S}_i)^2 (S_j^{(t)} - \bar{S}_j)^2}} \qquad (5.2)$$

假定相关性阈值为 δ，当 $\rho(S_i^{(w)}, S_j^{(w)}) > \delta$ 时，认为流式数据 $S_i^{(w)}$ 和 $S_j^{(w)}$ 具有相关性。

根据 2.3.2 小节的分析可知，不同空间位置的多个断面或路段的交通状态之间具有异步传输特性。例如，交通监控中，具有上下游关系的交通流量变化相差 ΔT 的时间间隔，但这两个时间序列会很相似。因此，不同断面的多个流式数据之间并不是一定在同一时间段内具有相似性的变化。本章将具有相差 ΔT 时间的两个交通时间序列称为滞后相关性流式数据。

给定任意两个流式数据 $S_i^{(w)}$ 和 $S_j^{(w)}$，流式数据 $S_i^{(w)} = (s_{i,1}, s_{i,2}, \cdots, s_{i,w})$ 的 ε-滞后定义为 $S_i^{(w)}(\varepsilon) = (s_{i,w+1}, s_{i,w+2}, \cdots, s_{i,w+\varepsilon})$。其中，$\varepsilon$ 是正整数，则流式数据 $S_i^{(w)}$ 和 $S_j^{(w)}$ 的 ε-滞后相关系数记为 $\rho_{ij}^{(w)}(\varepsilon)$，具有滞后相关的流

数据之间的相关系数定义为

$$\rho_{ij}^{(w)}(\varepsilon) = \frac{\sum_{\tau=t-w+1}^{t-\varepsilon}(S_{i,\tau+\varepsilon}-\overline{S}_i)(S_{j,\tau}-\overline{S}_j)}{\sigma_i\sigma_j} \tag{5.3}$$

其中,$\overline{S}_i$ 和 $\overline{S}_j$ 分别是滑动窗口 $[t-w+1+\varepsilon,t]$ 和 $[t-w+1,t-\varepsilon]$ 内流式数据的均值;σ_i 和 σ_j 分别是滑动窗口 $[t-w+1+\varepsilon,t]$ 和 $[t-w+1,t-\varepsilon]$ 的标准差。需要注意的是,当 $\varepsilon=0$,$\rho_{ij}^{(w)}(0)$ 退化为一般的 Pearson 相关性系数。

通过将式(5.3)中相关运算的转化,可将其表示为[106,171]

$$\rho_{ij}'^{(w)}(\varepsilon) = \frac{\psi_{ij}^{(w)}(\varepsilon) - \dfrac{\sum_{t-w+1+\varepsilon}^{t}S_i\sum_{t-w+1}^{t-\varepsilon}S_j}{w-\varepsilon}}{\sigma_i\sigma_j} \tag{5.4}$$

其中,$\psi_{ij}^{(w)}(\varepsilon)$ 是转换窗口 $S_i[t-w+1+\varepsilon,t]$ 和 $S_j[t-w+1,t-\varepsilon]$ 的内积;$\sum_{t-w+1+\varepsilon}^{t}S_i$ 和 $\sum_{t-w+1}^{t-\varepsilon}S_j$ 是两个滑动窗口的总和。σ_i 的计算为

$$\sigma_i = \sqrt{\sum_{t-w+1+\varepsilon}^{t}(S_i)^2 - \frac{\left(\sum_{t-w+1+\varepsilon}^{t}S_i\right)^2}{w-\varepsilon}} \tag{5.5}$$

其中,$\sum_{t-w+1+\varepsilon}^{t}(S_i)^2$ 是滑动窗口 $[t-w+1+\varepsilon,t]$ 内各元素的平方和。滑动窗口内 σ_j 的值计算类似。

多流式数据环境下,进行流式数据的趋势分析时较之早到达的数据,新到达的数据产生的影响更强。为了反映这一现象,给定一时间步 t 以及衰减函数 $f(t)=-2^{-\lambda t}$,基于衰减函数的任意两条流式数据 S_i 和 S_j 之间的相关系数计算为

$$\rho_{ij}'^{(w)}(\varepsilon) = \frac{\psi_{ij}^{(w)}(\varepsilon) - \dfrac{\sum_{t-w+1+\varepsilon}^{t}f(t)S_i\sum_{t-w+1}^{t-\varepsilon}f(t)S_j}{w-\varepsilon}}{\sigma_i'\sigma_j'} \tag{5.6}$$

其中,$f(t)$ 随着时间 t 是一个严格单调下降的衰减函数[111]。σ_i' 可计算为

$$\sigma_i' = \sum_t f(t)\,(S_i)^2 - \frac{\left(\sum_t f(t)\,S_i\right)^2}{\sum_t f(t)} \tag{5.7}$$

需要说明的是,σ_j' 的计算与 σ_i' 类似。

本节所给出的交通多流式数据的滞后相关性度量方法与文献[111]的有效性分析及验证类似,本书不再赘述。

5.4　交通多流式数据的演化趋势发现算法

基于交通多流式数据聚类演化趋势发现框架如图 5.1 所示。首先,针对到达的多条流式数据进行预处理和统计分析;其次,基于聚类的思想对多交通流式数据的演化趋势进行分析。

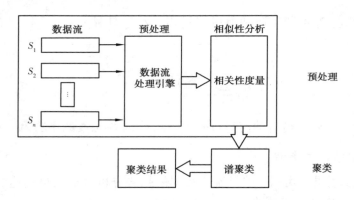

图 5.1　交通多流式数据聚类演化趋势发现框架

5.4.1　多流式数据的统计分析

交通流式数据是由等时间间隔的持续产生的数据项构成的时间序列,由于交通流式数据的无界性,通常只需要分析最近的一段数据。本书将基于时间滑动窗口的方式来解决这一问题,具体的处理过程如图 5.2 所示。将时间窗口 w 内的流式数据划分为长度为 l 的 m 个块,即 $w =$

$l \cdot m$。令 $B_1, B_2, \cdots, B_m$ 为 m 个块的序列,则第一个子窗口的数据序列为 $B_1 = \{ S_i^{(0)}, S_i^{(1)}, \cdots, S_i^{(l-1)} \}$,第二个子窗口的序列为 $B_2 = \{ S_i^{(l)}, S_i^{(l+1)}, \cdots, S_i^{(2l-1)} \}$,$\cdots$,第 m 个子窗口的序列为 $B_m = S_i^{(m-1)l}, S_i^{(m-1)l+1}, \cdots, S_i^{(w-1)}$。

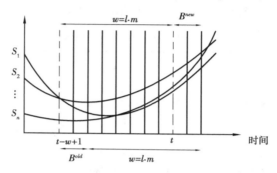

图 5.2　基于滑动窗口 w 的多流式数据预处理过程

Statistical Online Algorithm 描述了基于时间窗口方式处理实时产生的多条流式数据统计分析的过程。当新到达的数据序列达到长度 l,则第一个子窗口成为旧的窗口。随着时间的推移,B_1 子窗口被淘汰,B_2 窗口成为第一个子窗口,新到的窗口 B^{new} 成为第 m 个子窗口。当新到达的数据还不能构成一个块时,将其存储在缓存中,具体的算法描述见表 5.1。

表 5.1　Statistical Online 算法的伪代码描述

Statistical Online 算法
输入:数据流集合 S^n,时间窗口 w,子窗口数目 m 输出:$B(w)$
① 将每一个新的值,放入 $B(w)$ ② while $i \leqslant n$ do 　1) 从 $S_i(i=1,2,\cdots,n)$ 中读取 s_{ii}; $t=t+1$ 　2) if t mod $m = 0$ then 　　a. 建立新块 B_{new} 　　b. 窗口数超出 $m=w/l$,then 删除最老的窗口 $Bold$ 　　c. end if 　3) end if   ③ end while

为统计滑动窗口 $[t-w+1,t]$ 多流式数据的滞后相关系数,基于 5.3 节所给出的多流式数据滞后相关性度量方法,Similarity Measure 算法对其过程进行了描述。由于窗口 w 可被划分成 m 个块,因此,相关系数 ρ_{ij} 也可以增量的方式进行更新。具体的处理过程见表 5.2。

表 5.2　Similarity Measure 算法的伪代码描述

Similarity Measure 算法
输入:数据流集合 S^n,时间窗口 w,缓存块 $B(w)$ 输出:数据流的滞后成对相关系数
① for 每一条数据流的滑动窗口 $[t-w+1,t]$ do 　1）计算每一成对新窗口的相关系数 ρ_{ij} 　2）B_{new} 完成,更新窗口 w 中的相关系数 ρ_{ij} 　3）else 　4）Statistical Online(S^n, w, l) ② end for

5.4.2　交通多流式数据的演化趋势发现算法

根据 5.3 节所描述的相关性度量方法计算各流式数据之间的相似程度,并构建交通多流式数据图聚类模型的相似度矩阵。考虑多流式数据之间相关系数可能出现倾斜分布的情况,采用规范且对称的图 Laplacian 矩阵 $\boldsymbol{L}_{sym}$ 来计算相似图的 Laplacian 矩阵,记为 $\boldsymbol{L}=\boldsymbol{I}-\boldsymbol{D}^{-1/2}\boldsymbol{\Omega}\boldsymbol{D}^{-1/2}$。调用 QR 算法对相似度矩阵对应的 Laplacian 矩阵进行谱特征分解。在谱映射空间中,采用传统的 K-means 算法将流式数据集合划分为 k 个簇,从而得到聚类模型 $\boldsymbol{C}_k(w)$。需要注意的是,本书采用文献[166,172]的方法对聚类数 k 进行选择。基于谱聚类的多流式数据聚类算法 ICMDS 的详细描述见表 5.3。

表 5.3　ICMDS 算法的伪代码描述

ICMDS 算法
输入:数据流集合 S^n,时间窗口 w,聚类数目 k 输出:聚类模型 $\boldsymbol{C}_k(w)$
① for each pair of $S_i, S_j \in S^n$ 　1)根据 Similarity Measure 算法计算相关系数 　2)构建相似度矩阵 $\Omega(w) = (\rho_{ij}(w))_{i,j=1,\cdots,n}$ ② end for ③ 计算 Laplacian 矩阵 $\boldsymbol{L} = \boldsymbol{I} - \boldsymbol{D}^{-1/2}\boldsymbol{\Omega}\boldsymbol{D}^{-1/2}$ ④ 调用 Lancrnczos algorithm[158] 算法对 Ω 对应的 L 矩阵进行谱特征分解,$\lambda_1 \geqslant \lambda_2 \geqslant \cdots \geqslant \lambda_k$ ⑤ $U_{ij} = V_{ij} / (\sum_j V_{ij}^2)^{1/2}, i = 1,\cdots,n, j = 1,\cdots,k$ ⑥ 计算特征间隙 $\{\delta_1, \delta_2, \cdots, \delta_{n-1} \mid \delta_i = \lambda_i - \lambda_{i+1}\}$, $k = \arg_i \min\{\delta_i - \delta_{j\mid j<i} > 0 \ \& \ \delta_i - \delta_{i+1} > 0\}$ ⑦ $v_i \in R^k (i = 1,\cdots,n)$ 表示图中的顶点 i ⑧ 采用 K-means 算法将 S^n 划分为 k 个簇 ⑨ $\boldsymbol{C}_k(w) = \{C_1, C_2, \cdots, C_k\}$

由图 2.8 可得,流式数据之间的耦合关系随时间不断发生变化。为了发现一个时间区间内交通多流式数据随时空不断变化过程中的演化趋势,提出了交通多流式数据演化趋势发现算法 TEEMA。首先,确定每个时间步的聚簇数 k,调用 ICMDS 算法对当前的聚类模型进行求解。然后,将相邻时间步的聚类模型进行比较。如果聚类成员或聚类数发生了变化,则说明可能发生了一个演化事件,将当前时刻作为事件点加入结果集合中。最后,得到一系列由时间点构成的演化事件集合,详细描述见表5.4。

表 5.4　TEEMA 算法的伪代码描述

TEEMA 算法
输入:数据流集合 S^n,开始时间 s,结束时间 e,时间窗口 w 输出:进化事件 $T = \{t_1, t_2, \cdots, t_m, t_{m+1}\}$
① $T = \{s\}$; $W = [s, s+w]$ ② $C_{current} = C_1 = ICMDS(S^n, w, 1)$ ③ $t = s$ ④ while$(t \leq e)$ { 　1) $w = [t, t+w]$ 　2) $C_{new} = ICMDS(S^n, w)$ 　3) if $(C_{new} \neq C_{current})$ 　　　a. $T = T \cup \{t\}$ 　　　b. $t = t + w$ 　4) end if 　5) 更新数据流集合及成对距离 　6) 更新聚类数目 k 　7) 更新聚类中心 ⑤ end while ⑥ if$(e \notin T)$ $T = T \cup \{e\}$; ⑦ 返回 T

5.5　仿真实验及结果分析

为了验证本章所提出的算法有效性,本节的实验内容如下:

①基于合成数据集验证 ICMDS 算法的有效性。

②通过实测数据集比较 ICMDS 算法与其他算法的聚类效果。

③测试算法 TEEMA 的可扩展性。

5.5.1　比较算法及度量指标

为了评估算法 ICMDS 的性能,本章选择了 3 种相关的算法与提出的方法进行比较,具体的比较算法为传统的 K-means 算法、COMET 算法[111]以及 spectral clustering(SpeClu)[173]。

与 3.5 节的聚类评价指标一样,在下面所有的实验中采用聚类准确率 ACC 和 NMI 来衡量各种聚类算法的聚类质量。

5.5.2 ICMDS 算法的有效性

本书分别基于合成数据集和实测数据集进行验证 ICMDS 算法的有效性。

(1)基于合成数据集的 ICMDS 算法有效性验证

合成数据集的生成方式与 3.5.2 小节的生成方式类似,其生成 8 个合成数据集。每个数据集包含 100 条流式数据,每条流式数据包含 1 000个数据元素。

为了测试 ICMDS 随聚类算法的适应性,本实验测试聚类数在 2~20变化时的聚类性能,所得到的实验结果见表 5.5 和表 5.6。

表 5.5　不同聚类数时 4 种算法的聚类准确率

k	K-means	COMET	SpeClu	ICMDS
2	0.291 6	0.337 6	0.411 4	0.482 8
5	0.271 9	0.310 4	0.375 8	0.464 8
8	0.285 0	0.303 6	0.381 3	0.478 5
10	0.277 6	0.327 2	0.417 1	0.492 0
12	0.267 3	0.328 8	0.413 2	0.473 2
15	0.258 9	0.302 0	0.387 3	0.475 7
18	0.225 6	0.263 1	0.337 5	0.430 0
20	0.269 2	0.312 8	0.393 3	0.482 6
平均值	0.268 4	0.310 7	0.389 6	0.472 5

表 5.6　不同聚类数时 4 种算法的 NMI

k	K-means	COMET	SpeClu	ICMDS
2	0.321 7	0.340 9	0.436 2	0.501 6
5	0.293 7	0.321 9	0.391 4	0.476 8
8	0.315 4	0.319 3	0.385 0	0.499 4
10	0.302 0	0.331 6	0.430 4	0.521 7
12	0.292 5	0.324 3	0.438 7	0.497 7
15	0.277 1	0.312 2	0.392 3	0.501 0
18	0.241 4	0.272 0	0.341 8	0.444 1
20	0.287 5	0.324 6	0.401 3	0.505 5
平均值	0.291 4	0.318 3	0.402 1	0.493 5

由表 5.5 和表 5.6 所示的结果可知,ICMDS 和 SpeClu 算法比 K-means 和 COMET 算法的聚类质量好。其原因在于提出的 ICMDS 算法和 SpeClu 算法考虑了数据的几何结构信息。因为 ICMDS 算法考虑了多流式数据之间的相关性随时间不断演化的特性,所以其性能优于 SpeClu 算法。

（2）基于实测数据集的 ICMDS 算法有效性验证

实测数据集来源于重庆市高速公路 24 h×7 d 的道路交通状态记录,本实验选择了北碚隧道、绕城路段、西山坪隧道、渝武路段的从 2014 年 4 月 7 日至 2014 年 5 月 4 日共 28 天的以 5 min 为采样时间所采集交通状态记录。所选路段共包含 42 个检测器所采集的交通状态数据。以每一个检测器所采集的交通时间序列为一个流式数据,每条流式数据有 8 064 个数据记录。

本实验通过表征交通状态的不同参数测试算法 ICMDS 的有效性,实验预期为属于同一个方向相近或者相邻检测器所获得的交通状态参数应当表现出耦合关系,同时,由于人类活动的周期变化的相似性。因此,也可能出现空间不相邻相关的某些流式数据之间具有相似性的变化趋势。

根据 2.3.1 小节的分析,交通参数具有较强的周期特性。本实验以天为单位,所得的 ICMDS 与 3 种比较算法在 7 个时间步上的聚类性能见表 5.7 和表 5.8。

表 5.7　不同时间步时 4 种算法的聚类准确率

时间步	K-means	COMET	SpeClu	ICMDS
1	0.330 4	0.324 5	0.433 7	0.490 1
2	0.296 7	0.313 8	0.383 3	0.460 5
3	0.324 7	0.315 3	0.366 5	0.489 8
4	0.306 7	0.316 7	0.417 9	0.518 7
5	0.298 5	0.301 8	0.436 6	0.491 4
6	0.277 7	0.303 6	0.374 5	0.495 2
7	0.287 7	0.316 7	0.385 7	0.497 5
平均值	0.303 2	0.313 2	0.399 7	0.491 9

表 5.8　不同时间步时 4 种算法的 NMI

时间步	K-means	COMET	SpeClu	ICMDS
1	0.315 3	0.309 7	0.413 9	0.467 7
2	0.283 1	0.299 5	0.365 8	0.439 5
3	0.309 9	0.300 9	0.349 8	0.467 4
4	0.292 7	0.302 3	0.398 9	0.495 1
5	0.284 9	0.288 0	0.416 6	0.469 0
6	0.265 1	0.289 7	0.357 4	0.472 6
7	0.274 6	0.302 3	0.368 1	0.474 8
平均值	0.289 4	0.298 9	0.381 5	0.469 4

为测试 ICMDS 算法在不同聚类数 k 时的聚类效果,与 3 种相关的比较算法在不同聚类数时的聚类性能见表 5.9 和表 5.10,包括聚类准确率 ACC 和标准互信息 NMI。

表 5.9　不同聚类数 k 时 4 种算法的聚类准确率

k	K-means	COMET	SpeClu	ICMDS
3	0.331 5	0.373 5	0.453 1	0.470 8
5	0.380 2	0.357 7	0.410 1	0.475 7
8	0.326 2	0.337 2	0.494 0	0.484 6
10	0.301 0	0.393 7	0.448 0	0.506 5
12	0.372 7	0.317 7	0.537 9	0.604 7
15	0.335 3	0.353 0	0.424 0	0.507 2
18	0.277 2	0.325 5	0.508 1	0.550 5
20	0.362 1	0.399 4	0.466 2	0.542 9
25	0.317 3	0.321 8	0.476 0	0.525 1
30	0.300 6	0.366 0	0.460 1	0.602 7
平均值	0.330 4	0.354 6	0.467 8	0.527 1

表 5.10　不同聚类数 k 时 4 种算法的 NMI

k	K-means	COMET	SpeClu	ICMDS
3	0.239 5	0.387 1	0.409 1	0.551 3
5	0.332 0	0.393 9	0.411 9	0.560 1
8	0.374 9	0.397 6	0.458 9	0.491 9
10	0.351 5	0.364 0	0.433 1	0.607 3
12	0.331 8	0.331 7	0.593 1	0.572 8
15	0.363 9	0.308 2	0.487 8	0.499 9
18	0.391 9	0.382 9	0.541 8	0.517 9
20	0.398 8	0.410 2	0.505 3	0.568 8
25	0.369 1	0.397 7	0.447 3	0.632 9
30	0.400 1	0.398 5	0.579 4	0.594 6
平均值	0.355 4	0.377 2	0.486 8	0.559 8

由表 5.7—表 5.10 所示的结果可知,ICMDS 算法的聚类准确率和 NMI 均高于其他 3 种算法。其原因在于提出的 ICMDS 算法不仅考虑了数据的几何结构信息,还结合了流式数据之间的滞后相关性特点。SpeClu 算法的聚类性能优于 COMET 和 K-means 算法,是因为该算法依赖于数据相似度矩阵的特征结构,当数据空间分布不为凸时,仍然可收敛于全局最优。COMET 和 K-means 的聚类效果基本一致,本书不作分析。

5.5.3 TEEMA 算法的可扩展性

因为算法 TEEMA 主要用于分析聚类模型随时间的演化特性,对于数据分析所得到的聚类模型并不产生影响,所以本书仅验证 ICMDS 算法在聚类数 k 和数据规模变化时的可扩展性。

首先,聚类数 k 在 5~300 变化时,每一个时间步的流式数据数目为 2 000。每一条流式数据包括 32 个数据点,实验结果如图 5.3 所示。

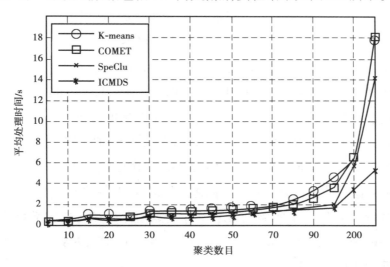

图 5.3 当聚类数 k 从 5~300 变化时,4 种算法的平均处理时间比较

从图 5.3 可以看出,基于 4 种不同聚类算法的 TEEMA 的平均处理时间均呈上升的趋势。当 k 位于 100 左右时,基于 4 种算法的平均处理时间变化从比较缓慢上升为急剧增长。但是,整体上而言,基于 ICMDS 算

法的处理时间优于其他 3 种算法。

　　为了测试 TEEMA 算法的可扩展性,从实测数据集中分别选取 50~2 000(每次增加 50)条流式数据进行实验,分别测试 4 种算法的 CPU 处理时间。测试结果如图 5.4 所示。

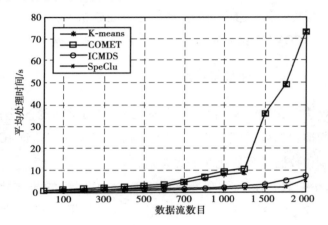

图 5.4　当流式数据数 n 从 50~2 000 时,
4 种算法的平均处理时间比较

　　从图 5.4 可以看出,随着流式数据个数 n 的增长,4 种算法的平均处理时间都呈上升的趋势。总体上看来,ICMDS 算法与 SpeClu 算法的上升速度比较缓慢,COMET 和 K-means 算法的上升速度较快。在流式数据数目 n 接近 1 000 时,ICMDS 算法的时间效率低于 SpeClu 算法。

　　为了验证本书所提出的算法 EC-NMF,STClu 以及 ICMDS 算法在处理高维数据时的执行效率,与在主成分分析空间中进行聚类的 K-means 算法进行了对比。本实验的设置如下:聚类数 $k = 24$,流式数据数 $n = 2$ 016,每条流式数据的数分别为 32,64,128,256,512,768,1 024 时的实验效果,如图 5.5 所示。

　　由图 5.5 可以看出,与传统的 K-means 算法相比,本书所提出的 3 种算法在处理高维数据时,算法的执行效率均表现出较大的优势。

　　通过 3.5 节、4.5 节、5.5 节的实验结果可得,聚类数 k、流式数据数 n 以及流式数据的特征维数都会影响算法的处理时间。实际上,算法的执

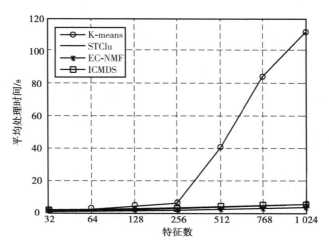

图 5.5　当特征维数从 32~1 024 变化时，
4 种算法的平均处理时间比较

行效率和聚类质量的优劣是一个相互博弈的过程,较好的聚类性能可能会损失一定的处理时间。

5.6　本章小结

为了描述交通系统中不同空间交通状态之间的相关性,本章以一个道路网中的多个断面交通流量为研究对象,基于谱图理论的相关思想:首先,将以流式数据为单位的多流式数据聚类问题转化为多流式数据的图聚类模型。其次,分析了多流式数据之间的滞后相关特性,研究了多流式数据的滞后相关性度量方法。结合传统的谱聚类算法,提出了多流式数据的聚类模型构建方法 ICMDS。为发现多个相似断面之间的道路交通状态演化特性,提出了基于 ICMDS 算法的交通多流式数据演化趋势发现算法 TEEMA。最后,基于合成数据集和实测数据集验证了本章所提出的 ICMDS 算法的有效性和 TEEMA 算法的可扩展性。

第 **6** 章
总结与展望

将 CPS 技术应用于交通系统,为解决交通系统中存在的交通拥堵、节能减排等问题提供了新的思路。在交通物理系统中,由 GPS、RFID、感应线圈等不同感知设备所产生的交通流式数据不断产生。为能够通过对监控道路交通实时状态的交通流式数据的及时分析和有效处理,获悉交通物理系统的状态演化特性,掌握交通物理系统的运行规律,对基于 CPS 的交通多流式数据的聚类分析及演化趋势发现方法进行了相关研究。

6.1 本书的主要工作

为能够从更全面、客观的角度认识交通物理系统的演化特性,本书详细分析和总结了交通流式数据的特点,深入研究了流式数据聚类分析的相关工作,探索了基于低秩近似表示的高维数据聚类方法,提出了更符合交通实际的多流式数据聚类分析及演化趋势发现方法。

现将本书的主要工作总结如下:

①从 CPS 的角度,分析了交通流式数据的特点及特性。

　　为能够更加客观地认识交通物理系统的运行规律,建立符合交通实际的交通流式数据分析方法,从 CPS 的角度,对交通流式数据的特点进行了总结。基于实测数据,从不同的时间尺度分析了交通流式数据的周期演化特性、从时空演变的角度分析了交通流式数据的纵向传播特性、从相关性的角度分析了交通多流式数据之间的相似性演化特性。

　　②结合交通流式数据的周期演化特性,提出了交通多流式数据的进化聚类算法 EC-NMF。

　　由不同感知器从各个位置所获取的交通流式数据之间并不是完全独立的,相反,随时间不断演化的交通流式数据之间呈现出高度的相关性。受启发于 Co-clustering 以及基于矩阵分解聚类的思想,提出了交通多流式数据进化聚类算法 EC-NMF。EC-NMF 算法不仅考虑了交通流式数据的高维性,还考虑了聚类对象的样本属性和特征属性的流形结构,使得聚类的结果更符合实际情况。此外,结合交通物理系统状态的缓慢变化特性,为维持随时间变化的一致的聚类结果,EC-NMF 算法嵌入了上一时刻聚类结果的信息。理论分析及实验结果表明,EC-NMF 算法能够有效地应用于随时间不断演化的交通多流式数据的聚类问题中。

　　③结合交通流式数据的纵向传播特性,提出了基于非负矩阵三分解的交通多流式数据的联合聚类框架 STClu。

　　为了使交通多流式数据的聚类结果更符合交通实际情况,结合基于 NMTF 联合聚类的研究现状,提出了基于非负矩阵三分解的交通多流式数据联合聚类框架 STClu。为了维持随时空变化一致的聚类结果,STClu 算法还嵌入了历史聚类结果的信息。基于不同数据集的实验结果表明,考虑了时空特性的 STClu 算法能够有效地应用于具有时空特性的交通多流式数据聚类问题中。

　　以上的研究结果表明,本书提出的基于低秩近似矩阵分解的交通多流式数据的聚类算法,能够有效地应用于交通流式数据的聚类分析中,弥补了将传统的如 K-means 等方法直接应用于具有高维特征的交通多流式数据聚类问题中的不足。

④结合交通流式数据的滞后相关性特性,提出了基于谱图理论交通多流式数据的演化趋势发现算法 TEEMA。

为能够发现交通系统中不同的空间的交通状态之间的演化特性,以一个道路网中的多个断面交通流量为研究对象,将以流式数据为单位的多流式数据聚类问题转化为多流式数据的图聚类模型。根据交通多流式数据之间的滞后相关特性,给出了流式数据的滞后相关性度量方法。结合谱图的相关工作,提出了交通多流式数据的聚类算法 ICMDS。为发现多个相似断面之间的道路交通状态演化特性,提出了基于 ICMDS 算法的交通多流式数据演化趋势发现算法 TEEMA。最后,通过仿真实验验证了 ICMDS 算法的有效性和 TEEMA 算法的可扩展性。

本书的创新性主要体现在以下 4 个方面:

①从 CPS 的角度,分析了交通流式数据的特点及特性,研究了更符合交通实际的交通多流式数据聚类分析及演化事件发现方法,为进一步获悉交通物理系统的演化规律提供新的理论基础。

②通过对交通流式数据的周期特性分析,提出了聚类多流式数据框架 EC-NMF。理论分析及实验结果表明,EC-NMF 算法能够有效地应用于交通多流式数据的聚类分析中。

③通过构建了具有纵向关系的不同空间的两个相关网络,提出了基于非负矩阵三分解的交通多流式数据联合聚类框架 STClu。理论分析及实验结果表明,STClu 算法能够有效地应用于具有时空特性的交通多流式数据聚类问题中。

④根据交通多流式数据之间的滞后相关特性,给出了流式数据的滞后相关性度量方法。结合谱图的相关工作,提出了交通多流式数据的聚类算法 ICMDS。为获悉交通物理系统的演化规律,通过分析不同时刻交通多流式数据的类及类内成员的变化,提出了基于 ICMDS 算法的交通多流式数据演化趋势发现算法 TEEMA。

6.2　后续工作展望

本书从 CPS 的角度,对交通流式数据的特点及特性进行了深入分析。在流式数据聚类分析及相关工作的基础上,研究了交通多流式数据的聚类分析及演化趋势发现方法,为基于 CPS 的交通流式数据的分析及处理问题提供了一定的理论基础。然而,交通系统中的交通数据来源广泛、种类多样、形式各异,为了能够更加准确地了解交通物理系统的实时状态,需要充分利用多源数据对交通状态进行分析。下一步的研究工作将从以下 3 个方面展开:

①由于交通物理系统产生的越来越多的时间上异步、空间上分散的异构和异质流式数据,从深度融合的角度在交通信息系统中研究多源交通流式数据聚类分析及演化趋势发现方法将会成为未来研究的工作之一。

②为能够发现交通物理系统的运行规律,抽取出隐藏其中的潜在的规则,充分发挥基于 CPS 的海量交通数据的作用,结合具体的交通需求,基于本书提出的方法对交通物理系统的演化特性分析进行深入探讨。

③交通物理系统是一个复杂的非线性系统,其演化趋势的变化除受时空等因素的影响外,还会受到其他因素的影响。对这些因素的识别和分析也将是下一步研究工作的重点。

总之,以上问题的提出仅是对基于 CPS 的交通流式数据研究的初步思考,更多的问题将有待进一步的探讨和深入探索。

参考文献

[1] GRANT-MULLER S, USHER M. Intelligent Transport Systems: The propensity for environmental and economic benefits[J]. Technological Forecasting and Social Change, 2014, 8(2):149-166.

[2] CHEOL O, JUN-SEOK O, RITCHIE S G. Real-time hazardous traffic condition warning system: framework and evaluation[J]. IEEE Transactions on Intelligent Transportation Systems, 2005, 6(3): 265-272.

[3] DING W, GONGJUN Y, NAN-NING Z, et al. Toward cognitive vehicles [J]. IEEE Intelligent Systems, 2011, 26(3): 76-80.

[4] LUETTEL T, HIMMELSBACH M, WUENSCHE H J. Autonomous ground vehicles-concepts and a path to the future[J]. Proceedings of the IEEE, 2012, 100(Special Centennial Issue): 1831-1839.

[5] WU C, ZHAO G, OU B. A fuel economy optimization system with applications in vehicles with human drivers and autonomous vehicles[J]. Transportation Research Part D: Transport and Environment, 2011, 16(7): 515-524.

［6］ LEE E A. Cyber physical systems：Design challenges［C］. Proceedings of the 11th IEEE Symposium on Object/Component/Service-Oriented Real-Time Distributed Computing, USA, 2008：363-369.

［7］ AL-HAMMOURI A T. A comprehensive co-simulation platform for Cyber-Physical Systems［J］. Computer Communications, 2012, 36(1)：8-19.

［8］ BRADLEY J M, ATKINS E M. Toward continuous state-space regulation of coupled Cyber-Physical Systems［J］. Proceedings of the IEEE, 2012, 100(1)：60-74.

［9］ KIM K-D, KUMAR P R. Cyber-Physical Systems：A perspective at the centennial［J］. Proceedings of the IEEE, 2012, 100(Special Centennial Issue)：1287-1308.

［10］ SZTIPANOVITS J, KOUTSOUKOS X, KARSAI G, et al. Toward a science of Cyber-Physical System Integration［J］. Proceedings of the IEEE, 2012, 100(1)：29-44.

［11］ CARTWRIGHT R, CHENG A, HUDAK P, et al. Cyber-Physical challenges in transportation system design［C］. Proceedings of the National workshop for research on highconfidence transportation Cyber-Physical Systems：automotive, aviation & rail, 2008.

［12］ 孙棣华, 李永福, 刘卫宁,等. 交通信息物理系统及其关键技术研究综述［J］. 中国公路学报, 2013, 26(1)：144-155.

［13］ GEISLER S, QUIX C, SCHIFFER S, et al. An evaluation framework for traffic information systems based on data streams［J］. Transportation Research Part C-Emerging Technologies, 2012(23)：29-55.

［14］ HUNTER T, DAS T, ZAHARIA M, et al. Large-scale estimation in Cyber-Physical Systems using streaming Data：A case study with arterial traffic estimation［J］. IEEE Transactions on Automation Science and Engineering, 2013, 10(4)：884-898.

［15］ WEI L-Y, PENG W-C. An incremental algorithm for clustering spatial data streams：exploring temporal locality［J］. Knowledge and Information Systems，2013，37(2)：453-483.

［16］ ECKLEY D C，CURTIN K M. Evaluating the spatiotemporal clustering of traffic incidents［J］. Computers，Environment and Urban Systems，2013(37)：70-81.

［17］ TANG L-A，YU X，KIM S，et al. Multidimensional Sensor Data Analysis in Cyber-Physical System：An Atypical Cube Approach［J］. International Journal of Distributed Sensor Networks，2012.

［18］ 潘云伟，成卫，肖海承，等. 基于粒子群优化算法的交通数据流聚类分析［J］. 科学技术与工程，2010(28)：7078-7081.

［19］ LEE E A. Computing foundations and practice for Cyber-Physical Systems：A preliminary report［R］. University of California，Berkeley，Tech Rep UCB/EECS-2007-72，2007.

［20］ GROUP C S. Cyber-Physical Systems executive summary［OL］. http://varm-a.ece.cmu.edu/summit，2009.

［21］ SASTRY S. Networked embedded systems：from sensor webs to Cyber-Physical Systems［M］. Hybrid Systems：Computation and Control. Springer，2007：1-12.

［22］ KROGH B，ILIC M，SASTRY S. Networked embedded control for Cyber-Physical Systems：research strategies and roadmap［R］. Technical Report，Team for Research in Ubiquitous Secure Technology，USA，2007.

［23］ BRANICKY M. CPS initiative overview［C］. Proceedings of the IEEE/RSJ International Conference on Robotics and Cyber-Physical Systems Washington DC，USA：IEEE，2008.

［24］ 何积丰. 信息物理融合系统［J］. 中国计算机学会通讯，2010，6(1)：25-29.

［25］ 王中杰，谢璐璐. 信息物理融合系统研究综述［J］. 自动化学报，

2011, 37(10): 1157-1166.

[26] 李晔, 王映辉, 于振华. 信息物理融合系统的面向对象 Petri 网建模 [J]. 西安电子科技大学学报, 2014, 41(2): 165-171.

[27] PHAM N, ABDELZAHER T, NATH S. On bounding data stream privacy in distributed Cyber-Physical Systems[C]. Proceedings of the 2010 IEEE International Conference on Sensor Networks, Ubiquitous, and Trustworthy Computing, 2010.

[28] CHONG S, SKALKA C, VAUGHAN J A. Self-identifying sensor data [C]. Proceedings of the 9th ACM/IEEE International Conference on Information Processing in Sensor Networks, 2010. ACM.

[29] HENRIKSSON D, ELMQVIST H. Cyber-Physical Systems modeling and simulation with modelica[C]. Proceedings of the International Modelica Conference, Modelica Association, 2011.

[30] SCHAMAI W, POHLMANN U, FRITZSON P, et al. Execution of UML state machines using modelica[C]. Proceedings of the EOOLT, 2010. Citeseer.

[31] DELANOTE D, VAN BAELEN S, JOOSEN W, et al. Using AADL in model driven development[C]. Proceedings of the IEEE-SEE international workshop on UML and AADL, 2007.

[32] SJ STEDT C-J, SHI J, T RNGREN M, et al. Mapping Simulink to UML in the design of embedded systems: Investigating scenarios and transformations[C]. Proceedings of the OMER4 Workshop: 4th Workshop on Object-oriented Modeling of Embedded Real-Time Systems, 2007. Citeseer.

[33] 李晓宇, 王宇英, 周兴社, 等. 一种信息物理融合系统仿真建模方法 [J]. 系统仿真学报, 2014, 26(003): 631-637.

[34] 陈援非, 朱珍民, 鹿晓文. 基于信息-物理空间映射的智能空间建模方法[J]. 系统仿真学报, 2013, 25(002): 216-219.

[35] CARDENAS A A, AMIN S, SASTRY S. Secure control: Towards survivable Cyber-Physical Systems[J]. System, 2008, 1(a2): a3.

[36] CRENSHAW T L, GUNTER E, ROBINSON C L, et al. The simplex reference model: Limiting fault-propagation due to unreliable components in Cyber-Physical System architectures[C]. Proceedings of the 28th IEEE International on Real-Time Systems Symposium, 2007.

[37] JACKSON M. Problem frames: analysing and structuring software development problems [M]. Addison-Wesley, 2001.

[38] VAN LAMSWEERDE A. Goal-oriented requirements engineering: A guided tour[C].Proceedings of the Fifth IEEE International Symposium on Requirements Engineering, 2001.

[39] YU E. Agent orientation as a modelling paradigm [J]. Wirtschaftsinformatik, 2001, 43(2): 123-132.

[40] HALL J G, RAPANOTTI L, JACKSON M A. Problem oriented software engineering: Solving the package router control problem [J]. IEEE Transactions on Software Engineering, 2008, 34(2): 226-241.

[41] 林峰, 舒少龙. 赛博物理系统发展综述[J]. 同济大学学报:自然科学版, 2010, 38(8): 1243-1248.

[42] ILIC M D, XIE L, KHAN U A, et al. Modeling future Cyber-Physical energy systems [C]. Proceedings of the Power and Energy Society General Meeting-Conversion and Delivery of Electrical Energy in the 21st Century, 2008.

[43] ZHANG Y, ILIC M D, TONGUZ O. Application of support vector machine classification to enhanced protection relay logic in electric power grids [C]. Proceedings of the Large Engineering Systems Conference on Power Engineering, 2007.

[44] WAN P, LEMMON M D. Distributed flow control using embedded sensor-actuator networks for the reduction of combined sewer overflow

（CSO）events [C]. Proceedings of the 46th IEEE Conference on Decision and Control, 2007.

[45] PU C. Intelligent, integrated, and Intermodal Transportation Services [C]. Proceedings of the POOVENDRAN R National Workshop for Research on High-confidence Trans-portation Cyber-Physical Systems: Automotive, Avia-tion and Rail Washington DC: National Science Foun-dation, 2008.

[46] TIWARI A. Formal Verification of Transportation Cyber Physical Systems[C]. Proceedings of the POOVENDRAN R National Workshop for Research on High confidence Transportation Cyher-physical Systems: Automotive, Aviation and Rail Washington DC: National Science Foundation, 2008.

[47] SENGUPTA R, FALLAH Y P. The Rise of the Mobile Internet: What does it mean for Transportation [C]. Proceedings of the POOVENDRAN R National Workshop for Re-search on High-confidence Transportation Cyber-Physical Systems: Automotive, Aviation and Rail Washington DC: National Science Foundation, 2008.

[48] CHEN Y, LUO J, LI W, et al. Self-Organization Framework and Simulation Realization of Transportation Cyber-Physical System [C]. Proceedings of the CICTP 2014: sSafe, Smart, and Sustainable Multimodal Transportation Systems, 2014.

[49] PLATZER A. Verification of cyber physical transportation systems[J]. IEEE Intelligent Systems, 2009, 24(4): 10-13.

[50] JIANJUN S, XU W, JIZHEN G, et al. The Analysis of Traffic Control Cyber-Physical Systems[J]. Procedia-Social and Behavioral Sciences, 2013, 96(2): 2487-2496.

[51] JUN S, CUIBO Y. The Study on the Self-Similarity and Simulation of CPS Traffic [C]. Proceedings of the 11th International Conference on

Dependable, Autonomic and Secure Computing, 2013.

［52］ GADDAM N, KUMAR G S A, SOMANI A K. Securing Physical Processes against Cyber Attacks in Cyber-Physical Systems［C］. Proceedings of the National Workshop for Research and High-Confidence Transportation Cyber-Physical Systems: Automotive, Aviation & Rail, Washington DC, 2008.

［53］ IQBAL M, LIM H B. A Cyber-Physical middleware framework for continuous monitoring of water distribution systems［C］. Proceedings of the 7th ACM Conference on Embedded Networked Sensor Systems, 2009. ACM.

［54］ ZHANG W, KAMGARPOUR M, SUN D, et al. A hierarchical flight planning framework for air traffic management［J］. Proceedings of the IEEE, 2012, 100(1): 179-194.

［55］ CAI X-S. Collaborative prediction for bus arrival time based on CPS ［J］. Journal of Central South University, 2014, 21(12): 42-48.

［56］ WORK D, BAYEN A, JACOBSON Q. Automotive cyber physical systems in the context of human mobility［C］. Proceedings of the National Workshop on high-confidence automotive Cyber-Physical Systems, Troy, MI, 2008.

［57］ JIN P J, ZHANG G, WALTON C M, et al. Analyzing the impact of false-accident cyber attacks on traffic flow stability in connected vehicle environment［C］. Proceedings of the International Conference on Connected Vehicles and Expo, 2013.

［58］ JEONG J P, LEE E. Vehicular Cyber-Physical Systems for smart road networks［J］. KICS Information and Communications Magazine, 2014, 31(3): 103-116.

［59］ JIA D, LU K, WANG J. On the network connectivity of platoon-based vehicular Cyber-Physical Systems［J］. Transportation Research Part C:

Emerging Technologies, 2014, 40(2): 15-30.

［60］JEONG Y-S, PARK J H. Adaptive network-based fuzzy inference model on CPS for large scale intelligent and cooperative surveillance［J］. Computing, 2013, 95(10-11): 977-992.

［61］GERLA M, LEE E-K, PAU G, et al. Internet of vehicles: From intelligent grid to autonomous cars and vehicular clouds［C］. Proceedings of the IEEE World Forum on Internet of Things, 2014.

［62］PAYNE H, TIGNOR S. Freeway incident-detection algorithms based on decision trees with states［J］. Transportation Research Record, 1978: 30-37.

［63］代磊磊, 姜桂艳, 韩国华. 高速公路事件自动检测算法综述［J］. ITS 通讯, 2005, 6(3): 1-5.

［64］GALL A I, HALL F L. Distinguishing between incident congestion and recurrent congestion: a proposed logic［J］. Transportation Research Record, 1989: 1-8.

［65］RITCHIE S G, CHEU R L. Simulation of freeway incident detection using artificial neural networks［J］. Transportation Research Part C: Emerging Technologies, 1993, 1(3): 203-217.

［66］ABDULHAI B, RITCHIE S G. Enhancing the universality and transferability of freeway incident detection using a Bayesian-based neural network［J］. Transportation Research Part C: Emerging Technologies, 1999, 7(5): 261-280.

［67］HUA J, FAGHRI A. Dynamic traffic pattern classification using artificial neural networks［M］. The TRIS and ITRD Database, 1993.

［68］王殿海, 曲大义. 一种实时动态交通量预测方法研究［J］. 中国公路学报, 1998, 11(6): 102-107.

［69］贺国光, 马寿峰, 李宇. 基于小波分解与重构的交通流短时预测法［J］. 系统工程理论与实践, 2002, 9(1): 1-6.

［70］NAIR A S, LIU J-C, RILETT L, et al. Non-linear analysis of traffic flow［C］. Proceedings of the Intelligent Transportation Systems, 2001.

［71］DAVIS G A, NIHAN N L. Nonparametric regression and short-term freeway traffic forecasting［J］. Journal of Transportation Engineering, 1991, 117(2): 178-88.

［72］杨胜, 李莉, 胡福乔, 等. 基于决策树的城市短时交通流预测［J］. 计算机工程, 2005, 31(8): 35-36.

［73］DOUGHERTY M S, COBBETT M R. Short-term inter-urban traffic forecasts using neural networks［J］. International journal of forecasting, 1997, 13(1): 21-31.

［74］杨兆升, 王媛, 管青. 基于支持向量机方法的短时交通流量预测方法［J］. 吉林大学学报: 工学版, 2006.

［75］姚智胜. 基于实时数据的道路网短时交通流预测理论与方法研究［D］. 北京: 北京交通大学, 2007.

［76］PARK B B. Hybrid neuro-fuzzy application in short-term freeway traffic volume forecasting［J］. Transportation Research Record: Journal of the Transportation Research Board, 2002, 1802(1): 190-196.

［77］GECCHELE G, ROSSI R, GASTALDI M, et al. Data Mining Methods for Traffic Monitoring Data Analysis: A case study［J］. Procedia-Social and Behavioral Sciences, 2011, 20(4): 55-64.

［78］CHAO D, FAN W, HUIMIN S, et al. Real-Time Freeway Traffic State Estimation Based on Cluster Analysis and Multiclass Support Vector Machine［C］. Proceedings of the International Workshop on Intelligent Systems and Applications, 2009.

［79］ZUO Z, PINGXIN Z, YAOMIN Y, et al. Analysis on Urban Traffic Network States Evolution Based on Grid Clustering and Wavelet Denoising［C］. Proceedings of the IEEE Conference on Intelligent Transportation Systems, 2008.

［80］ AI-ZENG L, XIANG-HONG S. Traffic accident characteristics analysis based on fuzzy clustering［C］. Proceedings of the IEEE Symposium on Electrical & Electronics Engineering, 2012.

［81］ 李琦, 姜桂艳, 杨聚芬. 基于因子分析与聚类分析的交通事件自动检测算法融合［J］. 吉林大学学报: 工学版, 2012, 42（5）: 1191-1197.

［82］ CHUAN MING C, DECHANG P, ZHUORAN F. Artificial immune K-means grid-density clustering algorithm for real-time monitoring and analysis of urban traffic［J］. Electronics Letters, 2013, 49（20）: 1272-1273.

［83］ ZHANG X-L, LU H-P. The Simulation Research of Non-parametric Regression for Short-Term Traffic Flow Forecasting［C］. Proceedings of the International Conference on Measuring Technology and Mechatronics Automation, 2009.

［84］ LEIHS D, ADAMSKI A. Situational Analysis in Real-Time Traffic Systems ［J］. Procedia—Social and Behavioral Sciences, 2011, 20(5): 6-13.

［85］ CHEN Y, ZHANG Y, HU J. Multi-Dimensional traffic flow time series analysis with self-organizing maps ［J］. Tsinghua Science and Technology, 2008, 13(2): 220-228.

［86］ CHUNCHIM H, XIAOHONG Y. Mining traffic flow data based on fuzzy clustering method［C］. Proceedings of the International Workshop on Advanced Computational Intelligence, 2011.

［87］ CHEN J, LI Y, LI G, et al. Period Selection of Traffic Impact Analysis Based on Cluster Analysis ［J］. Journal of Transportation Systems Engineering and Information Technology, 2009, 9(6): 63-67.

［88］ GUHA S, MISHRA N, MOTWANI R, et al. Clustering data streams ［C］. Proceedings of the 41st annual symposium on Foundations of computer science, 2000.

[89] CHARIKAR M, O' CALLAGHAN L, PANIGRAHY R. Better streaming algorithms for clustering problems [C]. Proceedings of the thirty-fifth annual ACM symposium on Theory of computing, 2003. ACM.

[90] O'CALLAGHAN L, MISHRA N, MEYERSON A, et al. Streaming-data algorithms for high-quality clustering [C]. Proceedings of the 18th International Conference on Data Engineering, 2002.

[91] AGGARWAL C C, HAN J, WANG J, et al. A framework for clustering evolving data streams [C]. Proceedings of the 29th international conference on Very large data bases, 2003. VLDB Endowment.

[92] AGGARWAL C C, HAN J, WANG J, et al. A framework for projected clustering of high dimensional data streams[C]. Proceedings of the Thirtieth international conference on Very large data bases, 2004. VLDB Endowment.

[93] CAO F, ESTER M, QIAN W, et al. Density-based clustering over an evolving data stream with noise [C]. Proceedings of the 2006 SIAM International Conference on Data Mining, 2006.

[94] ESTER M, KRIEGEL H-P, SANDER J, et al. A density-based algorithm for discovering clusters in large spatial databases with noise [C]. Proceedings of the KDD, 1996.

[95] L HR S, LAZARESCU M. Incremental clustering of dynamic data streams using connectivity based representative points[J]. Data & Knowledge Engineering, 2009, 68(1): 1-27.

[96] CHAKRABARTI D, KUMAR R, TOMKINS A. Evolutionary clustering [C]. Proceedings of the 12th SIGKDD international conference on Knowledge discovery and data mining, 2006. ACM.

[97] CHI Y, SONG X, ZHOU D, et al. Evolutionary spectral clustering by incorporating temporal smoothness[C]. Proceedings of the 13th SIGKDD international conference on Knowledge discovery and data

mining, 2007. ACM.

[98] TANG L, LIU H, ZHANG J, et al. Community evolution in dynamic multi-mode networks [C]. Proceedings of the 14th SIGKDD international conference on Knowledge discovery and data mining, 2008. ACM.

[99] WANG L J, REGE M, DONG M, et al. Low-Rank Kernel Matrix Factorization for Large-Scale Evolutionary Clustering [J]. IEEE Transactions on Knowledge and Data Engineering, 2012, 24 (6): 1036-1050.

[100] DING C, LI T, PENG W, et al. Orthogonal nonnegative matrix t-factorizations for clustering [C]. Proceedings of the 12th SIGKDD international conference on Knowledge discovery and data mining, 2006. ACM.

[101] DING C H, LI T, JORDAN M I. Convex and semi-nonnegative matrix factorizations [J]. IEEE Transactions on Pattern Analysis and Machine Intelligence, 2010, 32(1): 45-55.

[102] NING H, XU W, CHI Y, et al. Incremental spectral clustering with application to monitoring of evolving blog communities [C]. Proceedings of the SIAM International Conference on Data Mining, 2007.

[103] LIN Y-R, CHI Y, ZHU S, et al. Analyzing communities and their evolutions in dynamic social networks [J]. ACM Transactions on Knowledge Discovery from Data, 2009, 3(2): 8.

[104] NING H, XU W, CHI Y, et al. Incremental spectral clustering by efficiently updating the eigen-system [J]. Pattern Recognition, 2010, 43(1): 113-127.

[105] WANG L, REGE M, DONG M, et al. Low-Rank Kernel Matrix Factorization for Large-Scale Evolutionary Clustering [J]. IEEE Transactions on Knowledge and Data Engineering, 2012, 24 (6):

1036-1050.

[106] ZHU Y, SHASHA D. Statstream：Statistical monitoring of thousands of data streams in real time[C]. Proceedings of the 28th international conference on Very Large Data Bases, 2002. VLDB Endowment.

[107] PAPADIMITRIOU S, SUN J, FALOUTSOS C. Streaming pattern discovery in multiple time-series [C]. Proceedings of the 31st international conference on Very large data bases, 2005.

[108] YANG J. Dynamic clustering of evolving streams with a single pass [C]. Proceedings of the 19th International Conference on Data Engineering, 2003.

[109] DAI B-R, HUANG J-W, YEH M-Y, et al. Clustering on demand for multiple data streams [C]. Proceedings of the Fourth IEEE International Conference on Data Mining, 2004.

[110] BERINGER J, HULLERMEIER E. Online clustering of parallel data streams[J]. Data & Knowledge Engineering, 2006, 58(2)：180-204.

[111] YEH M Y, DAI B R, CHEN M S. Clustering over multiple evolving streams by events and correlations [J]. IEEE Transactions on Knowledge and Data Engineering, 2007, 19(10)：1349-1362.

[112] AGRAWAL R, IMIELI T, et al. Mining association rules between sets of items in large databases[J]. SIGMOD Record, 1993, 22(2)：207-216.

[113] STRUZIK Z R, SIEBES A. Measuring Time Series' Similarity through Large Singular Features Revealed with Wavelet Transformation[C]. Proceedings of the 10th International Workshop on Database & Expert Systems Applications. IEEE Computer Society,1999：162.

[114] AGGARWAL C C, YU P. Online analysis of community evolution in data streams[C]. Proceedings of the SIAM International Conference on Data Mining, 2005.

［115］ PAPADOPOULOS S, KOMPATSIARIS Y, VAKALI A, et al. Community detection in social media［J］. Data Mining and Knowledge Discovery, 2012, 24(3): 515-554.

［116］ TANG J, WANG X, LIU H. Integrating social media data for community detection［M］. Modeling and Mining Ubiquitous Social Media, Springer, 2012: 1-20.

［117］ WANG Y, WU B, PEI X. Commtracker: A core-based algorithm of tracking community evolution［M］. Advanced Data Mining and Applications, Springer, 2008: 229-240.

［118］ YANG B, LIU D-Y. Force-Based Incremental Algorithm for Mining Community Structure in Dynamic Network［J］. Journal of Computer Science and Technology, 2006, 21(3): 393-400.

［119］ SUN J, FALOUTSOS C, PAPADIMITRIOU S, et al. Graphscope: parameter-free mining of large time-evolving graphs［C］. Proceedings of the 13th SIGKDD international conference on Knowledge discovery and data mining, 2007. ACM.

［120］ TONG H, PAPADIMITRIOU S, SUN J, et al. Colibri: fast mining of large static and dynamic graphs［C］. Proceedings of the 14th SIGKDD international conference on Knowledge discovery and data mining, 2008. ACM.

［121］ TANG L, LIU H, ZHANG J P. Identifying Evolving Groups in Dynamic Multimode Networks［J］. IEEE Transactions on Knowledge and Data Engineering, 2012, 24(1): 72-85.

［122］ ZHANG J P, WANG F Y, WANG K F, et al. Data-Driven Intelligent Transportation Systems: A Survey［J］. IEEE Transactions on Intelligent Transportation Systems, 2011, 12(4): 1624-1639.

［123］ 王炜, 过秀成,等. 交通工程学［M］. 南京:东南大学出版社, 2000.

［124］ 任福田, 刘小明,等. 交通工程学［M］. 北京:人民交通出版社,

2003.

[125] 李星毅. 基于相似性的交通流分析方法[D]. 北京:北京交通大学, 2010.

[126] AGGARWAL C C. A framework for diagnosing changes in evolving data streams[C]. Proceedings of the 2003 SIGMOD international conference on Management of data, 2003. ACM.

[127] DAI B R, HUANG J W, YEH M Y, et al. Adaptive clustering for multiple evolving streams[J]. IEEE Transactions on Knowledge and Data Engineering, 2006, 18(9): 1166-1180.

[128] SHI J B, MALIK J. Normalized cuts and image segmentation[J]. IEEE Transactions on Pattern Analysis and Machine Intelligence, 2000, 22(8): 888-905.

[129] GU Q, ZHOU J. Co-clustering on manifolds[C]. Proceedings of the 15th SIGKDD international conference on Knowledge discovery and data mining, 2009. ACM.

[130] CAI D, HE X, HAN J, et al. Graph regularized nonnegative matrix factorization for data representation[J]. IEEE Transactions on Pattern Analysis and Machine Intelligence, 2011, 33(8): 1548-1560.

[131] NEWMAN M E, GIRVAN M. Finding and evaluating community structure in networks[J]. Physical Review E, 2004, 69(2): 26-113.

[132] DHILLON I S. Co-clustering documents and words using bipartite spectral graph partitioning[C]. Proceedings of the seventh SIGKDD international conference on Knowledge discovery and data mining, 2001. ACM.

[133] LONG B, ZHANG Z M, YU P S. Co-clustering by block value decomposition[C]. Proceedings of the eleventh SIGKDD international conference on Knowledge discovery in data mining, 2005. ACM.

[134] ZHANG L, CHEN C, BU J, et al. Locally discriminative coclustering

[J]. IEEE Transactions on Knowledge and Data Engineering, 2012, 24(6): 1025-1035.

[135] MANDAYAM COMAR P, TAN P-N, JAIN A K. A framework for joint community detection across multiple related networks [J]. Neurocomputing, 2012, 76(1): 93-104.

[136] PAATERO P, TAPPER U. Positive matrix factorization: A non-negative factor model with optimal utilization of error estimates of data values[J]. Environmetrics, 1994, 5(2): 111-126.

[137] LEE D D, SEUNG H S. Learning the parts of objects by non-negative matrix factorization[J]. Nature, 1999, 401(6755): 788-791.

[138] SEUNG D, LEE L. Algorithms for non-negative matrix factorization [J]. Advances in neural information processing systems, 2001, 13(5): 56-62.

[139] CHU M, DIELE F, PLEMMONS R, et al. Optimality, computation, and interpretation of nonnegative matrix factorizations[C]. Proceedings of the SIAM Journal on Matrix Analysis, 2004. Citeseer.

[140] LIN C-J. Projected gradient methods for nonnegative matrix factorization[J]. Neural computation, 2007, 19(10): 2756-2779.

[141] DING C, HE X F, SIMON H D. On the Equivalence of Nonnegative Matrix Factorization and Spectral Clustering[C]. Proceedings of the SIAM International Conference on Data Mining, 2005, 606-610.

[142] YU-XIONG W, YU-JIN Z. Nonnegative Matrix Factorization: A Comprehensive Review [J]. IEEE Transactions on Knowledge and Data Engineering, 2013, 25(6): 1336-1353.

[143] LOV SZ L, PLUMMER M D. Matching theory [M]. New York: Elsevier, 1986.

[144] STREHL A, GHOSH J. Cluster ensembles—a knowledge reuse framework for combining multiple partitions [J]. The Journal of

Machine Learning Research, 2003(3): 583-617.

[145] STATHOPOULOS A, KARLAFTIS M. Temporal and spatial variations of real-time traffic data in urban areas[J]. Transportation Research Board, 2001, 1768(1): 135-140.

[146] DHILLON I S, MALLELA S, MODHA D S. Information-theoretic co-clustering[C]. Proceedings of the ninth SIGKDD international conference on Knowledge discovery and data mining, 2003. ACM.

[147] BANERJEE A, DHILLON I, GHOSH J, et al. A generalized maximum entropy approach to bregman co-clustering and matrix approximation[C]. Proceedings of the tenth SIGKDD international conference on Knowledge discovery and data mining, 2004. ACM.

[148] PENG W, LI T. Temporal relation co-clustering on directional social network and author-topic evolution[J]. Knowledge and Information Systems, 2011, 26(3): 467-486.

[149] WANG H, NIE F, HUANG H, et al. Nonnegative matrix tri-factorization based high-order co-clustering and its fast implementation[C]. Proceedings of the IEEE 11th International Conference on Data Mining, 2011.

[150] WANG H, NIE F, HUANG H, et al. Fast nonnegative matrix tri-factorization for large-scale data co-clustering[C]. Proceedings of the Twenty-Second international joint conference on Artificial Intelligence, 2011. AAAI Press.

[151] LI P, BU J, CHEN C, et al. Relational co-clustering via manifold ensemble learning[C]. Proceedings of the 21st ACM international conference on Information and knowledge management, 2012. ACM.

[152] WU M-L, CHANG C-H, LIU R-Z. Co-clustering with augmented matrix[J]. Applied Intelligence, 2013, 39(1): 1-12.

[153] GAO B, LIU T-Y, ZHENG X, et al. Consistent bipartite graph co-

partitioning for star-structured high-order heterogeneous data co-clustering ［C］. Proceedings of the eleventh ACM SIGKDD international conference on Knowledge discovery in data mining, 2005. ACM.

［154］ SLONIM N, TISHBY N. Document clustering using word clusters via the information bottleneck method［C］. Proceedings of the 23rd annual international ACM SIGIR conference on Research and development in information retrieval, 2000. ACM.

［155］ CHEN G, WANG F, ZHANG C. Collaborative filtering using orthogonal nonnegative matrix tri-factorization ［J］. Information Processing & Management, 2009, 45(3): 368-379.

［156］ WANG H, HUANG H, DING C. Simultaneous clustering of multi-type relational data via symmetric nonnegative matrix tri-factorization［C］. Proceedings of the 20th ACM international conference on Information and knowledge management, 2011. ACM.

［157］ KALMAN D. A singularly valuable decomposition: the SVD of a matrix［C］. Proceedings of the College Math Journal, 1996. Citeseer.

［158］ PARLETT B N. The QR algorithm［J］. Computing in Science & Engineering, 2000, 2(1): 38-42.

［159］ DRINEAS P, KANNAN R, MAHONEY M W. Fast Monte Carlo algorithms for matrices Ⅲ: Computing a compressed approximate matrix decomposition［J］. Siam Journal on Computing, 2006, 36(1): 184-206.

［160］ PAN F, ZHANG X, WANG W. Crd: fast co-clustering on large datasets utilizing sampling-based matrix decomposition ［C］. Proceedings of the 2008 SIGMOD international conference on Management of data, 2008. ACM.

［161］ SUN J, XIE Y, ZHANG H, et al. Less is More: Compact Matrix

Decomposition for Large Sparse Graphs[C]. Proceedings of the SDM, 2007. SIAM.

[162] BOYD S P, VANDENBERGHE L. Convex optimization [M]. Cambridge university press, 2004.

[163] HAGEN L, KAHNG A B. New Spectral Methods for Ratio Cut Partitioning and Clustering[J]. IEEE Transactions on Computer-Aided Design of Integrated Circuits and Systems, 1992, 11(9): 1074-1085.

[164] DAVID G, AVERBUCH A. SpectralCAT: Categorical spectral clustering of numerical and nominal data[J]. Pattern Recognition, 2012, 45(1): 416-433.

[165] DONG X W, FROSSARD P, VANDERGHEYNST P, et al. Clustering With Multi-LayerGraphs: A Spectral Perspective [J]. IEEE Transactions on Signal Processing, 2012, 60(11): 5820-5831.

[166] VON LUXBURG U. A tutorial on spectral clustering[J]. Statistics and Computing, 2007, 17(4): 395-416.

[167] VON LUXBURG U, BELKIN M, BOUSQUET O. Consistency of spectral clustering[J]. The Annals of Statistics, 2008: 555-586.

[168] KAMVAR K, SEPANDAR S, KLEIN K, et al. Spectral learning[C]. Proceedings of the International Joint Conference of Artificial Intelligence, 2003. Stanford InfoLab.

[169] MEILA M, XU L. Multiway cuts and spectral clustering[R]. Advances in NIPS, 2003.

[170] 杨宁, 唐常杰, 王悦, 等. 基于谱聚类的多数据流演化事件挖掘[J]. 软件学报, 2010, 21(10): 2395-2409.

[171] SAKURAI Y, PAPADIMITRIOU S, FALOUTSOS C. Braid: Stream mining through group lag correlations[C]. Proceedings of the SIGMOD international conference on Management of data, 2005. ACM.

［172］田铮, 李小斌, 句彦伟. 谱聚类的扰动分析［J］. 中国科学 E 辑: 信息科学, 2007, 37(4): 527-543.

［173］CHEN W Y, SONG Y Q, BAI H J, et al. Parallel Spectral Clustering in Distributed Systems［J］. IEEE Transactions on Pattern Analysis and Machine Intelligence, 2011, 33(3): 568-586.